Winfried Büttner

Digitale Regelungssysteme

Grundlagen zum Systementwurf

vieweg

Der Verlag Vieweg ist ein Unternehmen der Verlagsgruppe Bertelsmann International.

ISBN-13: 978-3-528-03041-4 e-ISBN-13: 978-3-322-84129-2
DOI: 10.1007/978-3-322-84129-2

Vorwort

Die Regelungstechnik hat sich seit jeher mit anwendungs- und fachübergreifenden Fragestellungen beschäftigt und ist somit eine der klassischen Disziplinen der Systemtechnik. Der Entwurf eines Regelungssystems ist ein Systementwurf und stellt somit einen hohen Anspruch an die Entwickler. Das Studium der Regelungstechnik trainiert das 'Denken' in Systemen. Die Kenntnisse der Regelungstechnik ist eine der wesentlichen Voraussetzungen für eine Systementwicklung.

Die Behandlung von Fragen in der digitalen Regelungstechnik erfordert Wissen über den Prozeß, also anwendungsspezifisches Wissen, die regelungstechnischen Theorien sowie Wissen über Hardware- und Softwareentwicklung.

Das anwendungsspezifische Wissen kann hier nicht vermittelt werden. Es wird vom Anwender im allgemeinen mitgebracht. Die regelungstechnischen Grundlagen sind in der analogen und digitalen Regelungstechnik weitgehend identisch. Die Hard- und Softwarefragen sind spezifisch für die digitale Regelungstechnik.

Das vorliegende Buch setzt auf die analoge Regelungstechnik auf und behandelt die Ausprägung der regelungstechnischen Fragestellungen im digitalen Bereich. Die mathematischen Werkzeuge werden, soweit für den Praktiker notwendig, durchgesprochen und mit Beispielen untermauert. Die klassischen analogen Regler werden im Digitalen abgebildet. Die überwiegend eingesetzten reinen digitalen Regelalgorithmen werden abgeleitet und angewendet. Die für die Hardware- und Softwarerealisierung notwendigen Fragestellungen werden ausführlich behandelt. Die Zeit- und Amplitudenquantisierungen werden hinsichtlich ihrer Auswirkungen auf die Stabilität, die Systemgenauigkeit und die Kosten des Systems betrachtet. Die überwiegende Literatur zur digitalen Regelungstechnik behandelt die aus Sicht der Regelungstheorie wichtigen Problemkreise, aber nicht die anwendungsbezogenen Fragen nach ihrer Wertigkeit.

Das vorliegende Buch ist im Rahmen eines Lehrauftrags über die digitale Regelungstechnik entstanden. Die Grundlage für die Lehrveranstaltung waren die Erfahrungen, die bei der Entwicklung eines komplexen Folgesystems entstanden. Für das Folgesystem existierte eine analoge Regelung. Die komplett in analoger Technik realisierte Anlage wurde aufgebrochen und die Nachführung durch ein Mehrprozessorsystem übernommen. Auf diesen Erfahrungshintergrund ist der Inhalt und Stil dieses Buches abgestimmt.

Die Kapitel zwei bis vier behandeln die notwendigen mathematischen Beschreibungen zum Umgang mit zeitdiskreten Systemen. In Kapitel fünf wird die Umsetzung der klassischen analogen Regler in Algorithmen behandelt. Die in digitalen Systemen immer notwendige Glättung der Signale durch Softwarealgorithmen wird im Kapitel sechs angegeben. Im Kapitel sieben werden die erst durch die digitale Regelungstechnik realisierbaren Regler vorgestellt. Kapitel acht und neun geben in Form eines Überblicks die Stabilitätskriterien im Diskreten und die Zustandsschätzverfahren an.

Für den unter Zeitdruck stehenden Praktiker sind im Anhang die wesentlichen Zusammenhänge extrahiert.

Frau Prof. Dr.-Ing. A. Böttiger danke ich herzlich für ihre fachlichen Anregungen und kritischen Diskussionen.

Für die Mitwirkung bei der Erstellung des Manuskriptes danke ich Frau Stocker. Herrn Ewald Schmitt vom Verlag Vieweg vielen Dank für die problemlose und vertrauensvolle Zusammenarbeit.

München, August 1989 *W. Büttner*

Inhaltsverzeichnis

1 Entwurf digitaler Regelungssysteme

1.1 Systementwurf

Die Aufgabe eines Regelsystems ist die Nachführung eines Prozesses. Prozesse haben in der Regel kein zeitdiskretes Verhalten, sondern zeitlich kontinuierliche Prozeßsignale. Eine digitale Nachführung eines analogen Prozesses führt zu einem hybriden System.

Der Entwurf eines digitalen Regelungssystems umfaßt folgende Hauptschritte:

Prozeßanalyse

In der Prozeßanalyse sind folgende Aktivitäten durchzuführen:

- Ermittlung der zu erfassenden Prozeßzustände
- Sind die Prozeßzustände meßbar oder muß ein Zustandsbeobachter eingesetzt werden?
- Welche Stellgrößen sind für die Regelung notwendig?
- Bestimmung der Dynamik des Prozesses d. h. Stabilitätsgrenzen ermitteln

Schnittstelle Prozeß–Regeleinheit

Die Schnittstelle zwischen dem Prozeß und der Regeleinheit ist aus funktionaler Sicht zu betrachten.

- Sichtung der Schnittstellen aus Hardwaresicht – können die Schnittstellensignale mit vertretbarem Aufwand adaptiert werden?
- Alternative Hardwareschnittstellen aus Kostensicht

Quantisierung Zeit / Amplitude

Ein wesentlicher Gesichtspunkt bei dem Entwurf eines digitalen Regelsystems ist die Bestimmung des Zeittaktes und die Quantisierung der Sensor- und Steuerspannung.

- Aufbauend auf die Prozeßdynamik ist die Abtastrate für die Prozeßzustände zu bestimmen
- Bestimmung der Taktzeit der Stellgröße
- Festlegung der Amplitudenquantisierung, der Meßwerte und der Stellgrößen

Spezifikation

Spezifikation der Anforderungen an die digitale Regeleinheit

- Festlegung des maximalen Zeitverzuges zwischen dem Einlesen der Prozeßsignale und der Ausgabe der Steuersignale
- Begrenzung der Steuerspannungen

Regeleinheit

Entwurf der digitalen Regeleinheit

- Funktionaler Entwurf der Regeleinheit
- Entwurf des Reglers
- Entwurf eines Beobachters

Interfacebaugruppe

Entwurf des Interfaces zwischen Prozeß und Reglereinheit

- Auswahl der AD- und DA-Wandler
- Entwurf der Anti-Aliasing Filter
- Konzeptionierung der Zwischenspeicherung für Prozeß- und Stellsignale auf dem Interface

Software

Entwurf der Software für die Regeleinheit

- Aufbauend auf dem funktionalen Entwurf der Regeleinheit und dem Reglerentwurf ist eine Softwarestruktur zu entwerfen
- Auswahl der Implementierungssprache
- Festlegung von Schnittstellen und Funktionen der Module

Hardware

Entwurf der Hardware für die Regeleinheit

- Auswahl eines Prozessorsystems
- Festlegung der Ablaufversion und der Entwicklungsversion

Integration

Erstellung eines Integrationskonzeptes für das gesamte digitale Regelungssystem

Testumgebung

Erarbeitung eines Konzeptes für eine Testumgebung für Hardware- und Softwarekomponenten des digitalen Regelsystems

Die aufgelisteten Aktivitäten können nicht entkoppelt voneinander bearbeitet werden. In der Praxis zeigt sich, daß eine iterative Vorgehensweise beim Entwurf eines digitalen Regelsystems sehr sinnvoll ist.

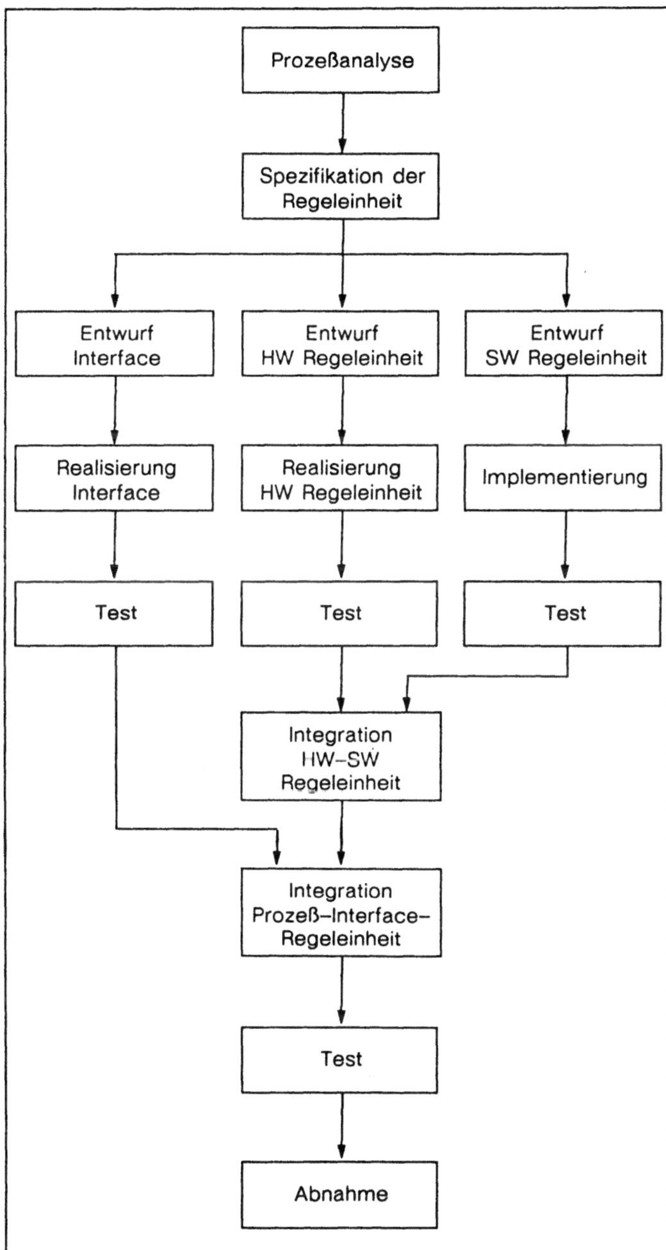

Bild 1.1 Entwicklungsablauf

1.2 Hardware - Software Schnittstelle

Die Schnittstelle zwischen dem analogen und dem digitalen Anteil des Regelungssystems liegt in der Abhängigkeit von der Auslegung der Stellglieder und der Sensoren in der nach Bild 1.2 dargestellten Regeleinheit oder in den Stellgliedern und den Sensoren.

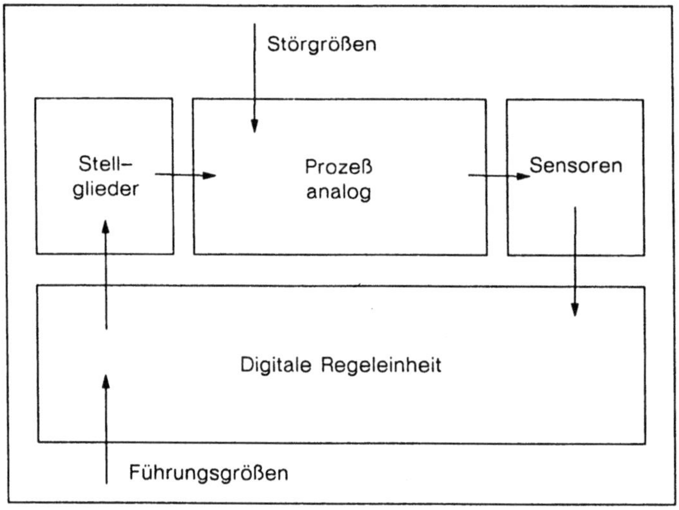

Bild 1.2 Digitale Regelung

Sensoren Effektoren

Der Trend geht heute hin zu digital ansteuerbaren Stellgliedern und zu Sensoren mit einem digitalen Ausgang. Dies reduziert die Hardwareentwicklungskosten beim Aufbau des digitalen Regelsystems, engt andererseits aber den Auslegungsspielraum in der Quantisierung der Signale ein.

Beim Entwurf eines digitalen Regelsystems sind ausgehend von geforderten Nachführeigenschaften die Bestimmung der Quantisierungseinheiten in Zeit und Amplitude der Prozeßgrößen und der Stellgrößen von großer Bedeutung.

Die Quantisierung der Zeit, d. h. die Bestimmung des Zeittaktes, mit dem der Prozeß geregelt werden soll, hängt im wesentlichen von der Dynamik des Prozesses und der Führungsgröße ab. Die Anwendung des Abtasttheorems nach Shannon ist unter anderem in Abschnitt 2.3 ausführlich behandelt. Als grobe Dimensionierungsrichtlinie gilt, daß die digitale Regeleinheit über den Zeittakt die höchste Dynamik des Prozesses abfängt.

Anti-Aliasing Filter

Bedingt durch die Abtastung werden in der Frequenzebene höhere Frequenzen in das abgetastete Spektrum eingespiegelt. Abhilfe kann nur durch den Einbau eines Filters zur Bandbegrenzung geschaffen werden. Die Dimensionierung des Anti-Aliasing Filters wird unter anderem in Kapitel 2 und in verschiedenen Beispielen des Buches behandelt.

Interface Grobstruktur

Bei analogen Schnittstellen der Sensoren und der Stellglieder hat die Interfacebaugruppe (Bild 1.3) zwischen dem Prozeß und der Regeleinheit folgende Hauptfunktionseinheiten:

- Bandbegrenzung der Stell- und Sensorsignale durch Anti-Aliasing Filterung
- Analog-Digital Wandlung
- Digital-Analog Wandlung
- zeitliche Steuerung der Schnittstellenbedienung
- Ankopplung des Interfaces an den Bus des Regelprozessors

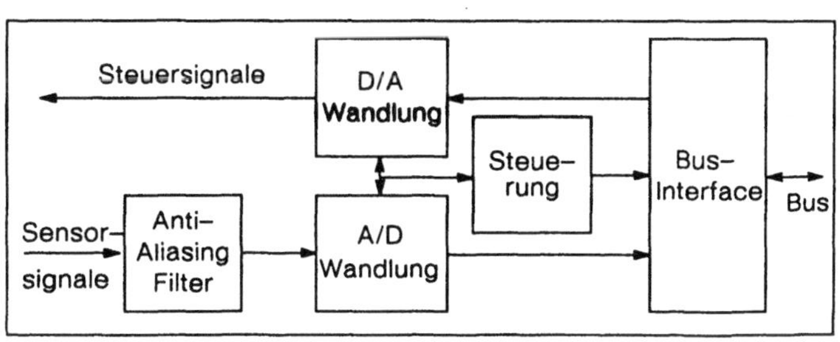

Bild 1.3 Funktionen der Interfacebaugruppen bei analogen Sensor- und Stellglieder – Schnittstellen

1.3 Reglerentwurf

Für den Entwurf des Reglers sind die für die Regelung des Prozesses notwendigen Prozeßsignale zusammenzustellen. Sind nicht alle notwendigen Prozeßsignale meßbar, so ist in die Regeleinheit ein Beobachter zu integrieren.

Im Systementwurf werden die Anforderungen an die Regeleinheit zusammengestellt. In Abhängigkeit von der geforderten Nachführgenauigkeit, dem geforderten Einschwingverhalten, der Art der Störung auf den Sensorsignalen (deterministisch oder stochastisch, usw.) ist ein Regler zu entwerfen.

Entwurf im Analogen/Digitalen

Der Entwurf des digitalen Reglers kann im analogen Bereich vorgenommen werden und anschließend mittels der z-Transformation ins Digitale transformiert werden oder kann direkt im Digitalen entworfen werden (Bild 1.4). Die Transformation der aus der analogen Regelungstechnik bekannten klassischen Regler ist in Kapitel 5 ausführlich behandelt. Die Entwurfsverfahren im Digitalen werden in Kapitel 7 vorgestellt.

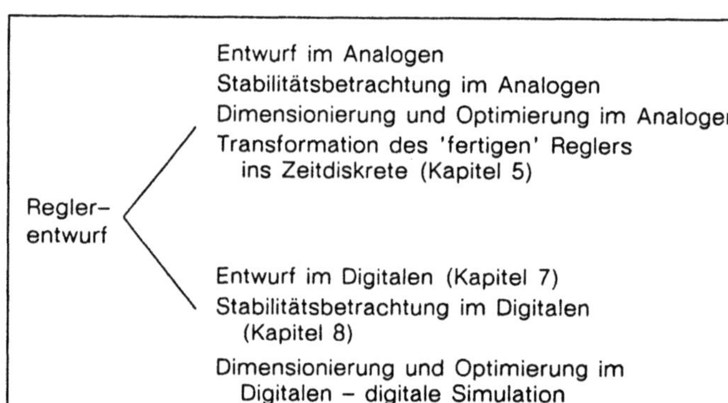

Bild 1.4 Reglerentwurf im Kontinuierlichen / Zeitdiskreten

Stabilität

Die Stabilitätsuntersuchung und die damit verbundene Dimensionierung des Reglers wird in Abhängigkeit von der gewählten Vorgehensweise im Analogen oder im Digitalen durchgeführt. Die Betrachtung im Analogen hat den Vorteil, daß bekannte Stabilitätskriterien und Dimensionierungsrichtlinien eingesetzt werden können. In der Praxis besteht häufig die Notwendigkeit, bereits bestehende analoge Regelsysteme zu digitalisieren. Mit den in Kapitel 5 angegebenen Rezepten kann die Abbildung der bestehenden Regler durch Algorithmen sehr einfach und problemlos durchgeführt werden.

1.4 Hardwareentwurf

Die Hardware für eine digitale Regelung setzt sich aus der Prozessoreinheit sowie der Interfacebaugruppe zwischen Prozeß und Prozessoreinheit zusammen. Die Funktionsweise der Interfacebaugruppe ist in groben Zügen in Abschnitt 1.2 beschrieben. Beim Entwurf der Prozessoreinheit sind folgende Gesichtspunkte zu berücksichtigen.

Anforderungen

- Leistungsfähigkeit des Prozessors:
  Wieviele Operationen pro Zeittakt sind durchzuführen?

- Genauigkeit:
  Ist ein 8 Bit Prozessor ausreichend oder sollte auch im Hinblick auf Reserven ein 16 Bit Prozessor eingesetzt werden?

- Arithmetik-Coprozessor:
  Ist zur Erzielung der Echtzeitfähigkeit für die arithmetischen Operationen ein Arithmetik-Coprozessor einzusetzen?

- Programmiersprache:
  Soll in einer höheren Programmiersprache gearbeitet werden? Sind für den vorausgewählten Prozessor die notwendigen Entwicklungswerkzeuge verfügbar?

- Standardbaugruppen:
  Kann durch den Einsatz von verfügbaren Standardbaugruppen hoher Hardwareentwicklungsaufwand eingespart werden?

- Betriebssystem:
  Steht für den gewählten Prozessor eine Steuerungssoftware oder ein Betriebssystem zur Verfügung?

Hardwarenahe Software

Die Entwicklung der Software ist zweckmäßigerweise auf einem Mikrocomputerentwicklungssystem in einer höheren Programmiersprache durchzuführen. Bei der Integration von Hardware-Software wird der Prozessor der Zielhardware durch den Emulator des Entwicklungssystems ersetzt. Für das Laden von Programmen in RAMs auf der Prozessoreinheit ist eine V24 Schnittstelle vorzusehen. Der Informationsaustausch zwischen Prozessoreinheit und dem Interface wird über den Prozessorbus abgewickelt. Das Bild 1.5 zeigt exemplarisch eine Prozessoreinheit für ein Regelsystem.

Beispiel

Diese Prozessoreinheit setzt auf den Intel Prozessor 8031 auf (Bild 1.5). Es handelt sich dabei um einen 8 Bit Prozessor mit integriertem Speicher und einer V24 Schnittstelle.

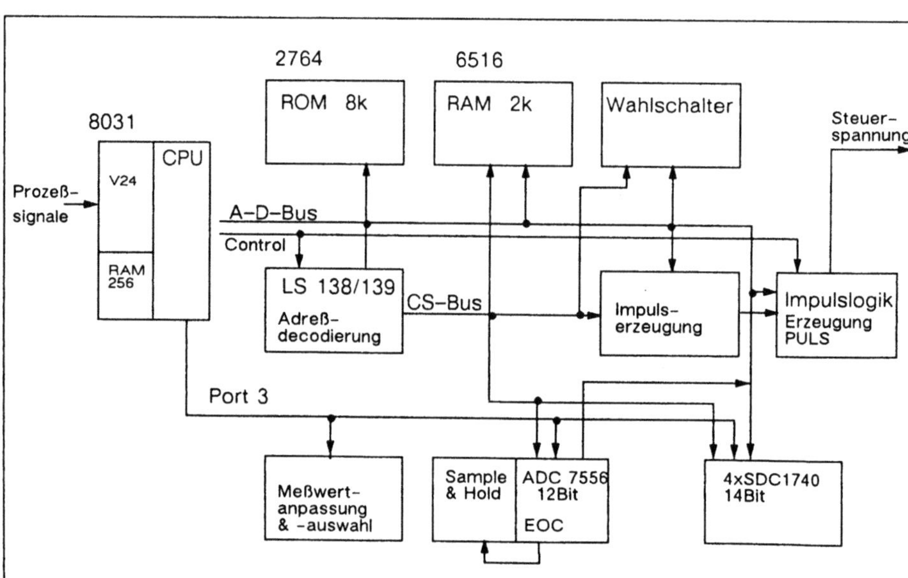

Bild 1.5 Blockschaltbild Prozessoreinheit

Die Prozeßsignale werden von einem A/D–Wandler mit 12 Bit und einem Synchro-Digital Converter digitalisiert. Für die Meßwertanpassung und -auswahl ist eine Steuerschaltung aufgebaut. Der mit dem Steuerteil betriebene Antrieb wird über Impulse angesteuert.

Das Steuerteil ist auf einer Platine im Europakartenformat aufgebaut. Die Speicher mit 8k ROM und 2k RAM sind für die unter 1.5 / Bild 1.6 skizzierte Software ausreichend. Die Leistungsfähigkeit des 8031 genügt den in dieser Anwendung gestellten Anforderungen.

Die geringen Kosten des 8031 Prozessors werden durch die zeitaufwendigen Softwareaufgaben zur Modifikation von Regelparametern wieder aufgewogen. Die zusätzlichen Kosten für einen Arithmetikprozessor zahlen sich gerade bei kleinen Stückzahlen aus.

1.5 Softwareentwurf

Die Software der Regeleinheit setzt sich aus den beiden Hauptblöcken Systemsoftware und Anwendersoftware zusammen.

Systemsoftware

Die Systemsoftware steuert den Ablauf des Systems, d. h. sie übernimmt angestoßen durch eine Hardwareuhr den Zeittakt des Systems, steuert das Ablesen des Interfaces, führt die Initialisierung des Systems durch und führt Interrupts aus. Die Systemsoftware ist das 'Betriebssystem' der Regeleinheit. Bei der Verwendung einer Hardware Standardbaugruppe ist im allgemeinen eine teilweise konfigurierbare Systemsoftware verfügbar.

Anwendersoftware

Die Entwicklung der Anwendersoftware setzt auf den Reglerentwurf auf. Die erarbeiteten Algorithmen gelten für einen Systemzustand, bei dem für die Berechnung des Stellwertes genügend aufeinander folgende abgetastete Sensorsignale vorliegen. Für den Hochlauf des Reglers und des Zustandsbeobachters sind spezielle Initialisierungsalgorithmen zu entwickeln oder für die in der Anfangsphase fehlenden Signale Initialisierungswerte zu bestimmen.

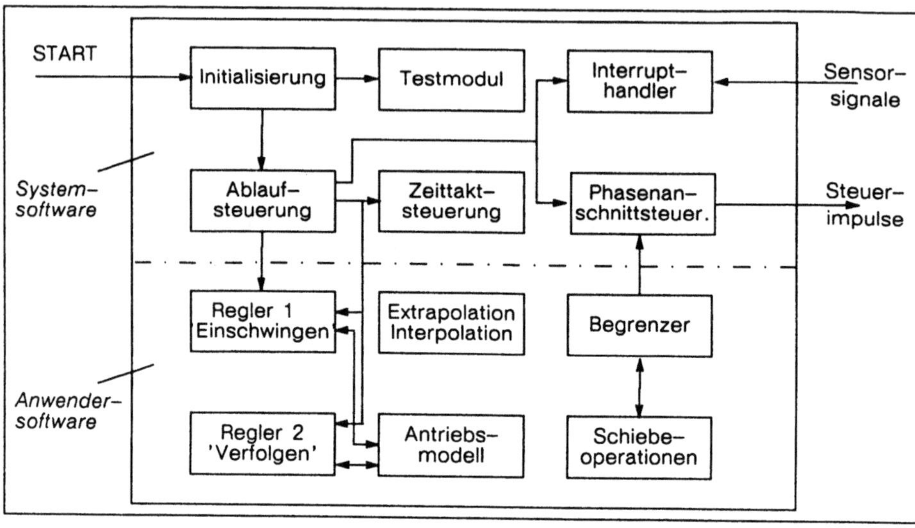

Bild 1.6 Softwarestruktur der Regeleinheit

Die Phasen des Softwareentwurfs sind Grobentwurf, Feinentwurf, Implementierung und Test. Hier auf den gesamten Softwareentwicklungsprozeß einzugehen, würde den Rahmen des Buches sprengen. Deshalb ist in Bild 1.6 eine prinzipielle Struktur einer Regelungssoftware mit den Hauptmodulen angegeben.

Desweiteren wird auf die im Literaturverzeichnis aufgelistete umfangreiche Literatur für Prozeßsoftwareentwicklung hingewiesen.

2 Mathematische Beschreibung digitaler Systeme

2.1 Auftreten von Abtastvorgängen

Meßwerterfassung

Wird eine zeitveränderliche Größe in einem technischen System verarbeitet, muß sie zunächst einmal erfaßt werden. Deshalb verfügt jeder Regelkreis über eine Meßeinrichtung, mit welcher der Istwert der Regelgröße erfaßt wird, der dann mit der Führungsgröße verglichen wird. Unter der Abtastung einer zeitveränderlichen Größe versteht man die Entnahme einzelner Funktionswerte aus dem kontinuierlichen Werteverlauf zu den Meßzeitpunkten. Setzt die Abtastung zum Zeitpunkt t=0 mit der äquidistanten Abtastperiode T ein, so entsteht aus der Zeitfunktion f(t) die Wertefolge f_k=f(kt), k=1,2,...,n. Im allgemeinen wird der Meßwert f_k über die gesamte Abtastperiode gespeichert, damit $\bar{f}(t)$ während dieser Zeitspanne für die Weiterverarbeitung zur Verfügung steht.

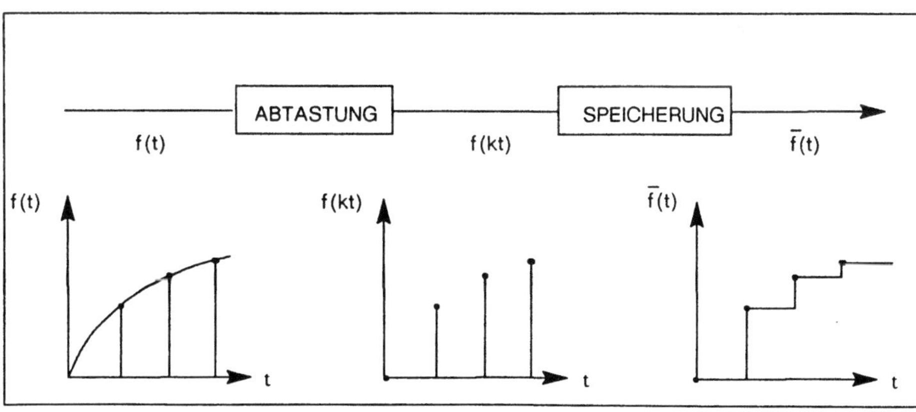

Bild 2.1 Abtastvorgang

Beispiel

Rundsuchradar

Der Strahl eines Rundsuchradars kreist mit einer festen Frequenz. Wird ein Objekt getroffen, so wird dieses als leuchtender Punkt auf einem Sichtgerät wiedergegeben. Erst nach einer Umdrehung des Radarschirms wird die Lage des Objekts von neuem festgestellt. Die Lage des

Objekts ist daher nur zu Zeitpunkten bekannt, in denen es vom Radarstrahl getroffen wird.

Meßwert-verarbeitung

Eine andere Art des Abtastvorganges kommt durch die Verwendung eines Digitalrechners zur Beobachtung und Steuerung von industriellen Prozessen zustande.
Hier interessiert die Möglichkeit, daß der Rechner die Funktion des Reglers für die zum Prozeß gehörigen Regelungen übernehmen kann. Man spricht hier von direkter digitaler Steuerung (DDC **d**irect **d**igital **c**ontrol).

Warum digitale Regler?

Die Flexibilität ist größer als bei Verwendung analog arbeitender Geräte: leichte Umstellung der Regelalgorithmen bei Änderung der Fahrweise der Anlage; leichte Anpassung der Reglerparameter.

Digital realisierte Parameter sind unempfindlicher gegenüber Umwelteinflüssen als analog verwirklichte Parameter.

Die Parameter eines digital arbeitenden Gerätes können "beliebig genau" eingestellt werden. Digital realisierte Operationen lassen sich beliebig genau ausführen.

Mehrgrößenregelungen sind mit Digitalreglern effizienter als mit Analogreglern zu betreiben.

Bei digitaler Regelung kann eine Protokollierung der interessierenden, zeitveränderlichen Größen nebenher mitlaufen.

Hohe Abtastrate

Jede digitale Regelung setzt einen Abtastvorgang voraus. Wird die Abtastung in so kurzen Zeitabständen durchgeführt, daß die Folge der Abtastwerte den kontinuierlichen Zeitverlauf getreu wiedergibt, so kann man den Abtastvorgang ignorieren und Methoden zur Behandlung kontinuierlicher Regelungssysteme verwenden.

2.2 Mathematische Beschreibung des Abtastvorganges

Der Abtastvorgang setzt sich aus den Blöcken "Abtastung" und "Speicherung" zusammen.

Abtastung Ein Abtastvorgang ist die Entnahme von Funktionswerten zu diskreten Zeitpunkten aus einem kontinuierlichen Funktionsverlauf:

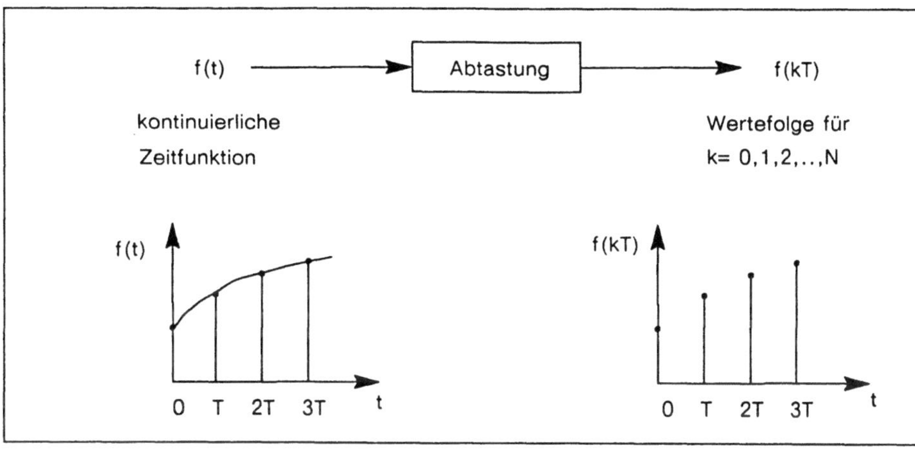

Bild 2.2 Kontinuierliche Zeitfunktion – Wertefolge

Speicherung Die Funktionswerte der Wertefolge werden über die Abtastperiode T gespeichert; man erhält dadurch eine Treppenfunktion. (Vergleiche Bild 2.2 und Bild 2.3)

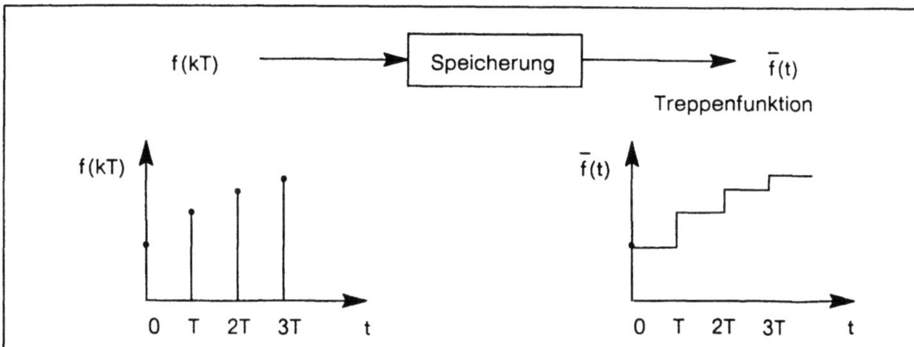

Bild 2.3 Speicherung

Speicherung Algorithmus

Die Speicherung und die Anwendung eines Algorithmus lassen sich vertauschen.

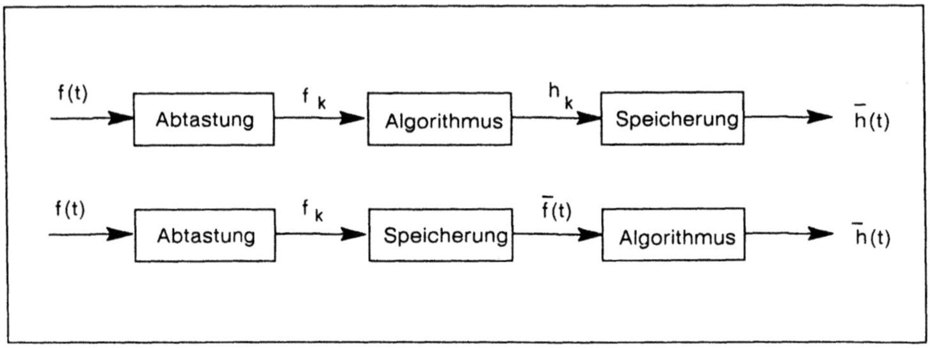

Bild 2.4 Vertauschbarkeit von Algorithmus und Speicherung

Abtasthalteglied

Die Kombination von Abtaster und Halteglied wird Abtasthalteglied genannt.

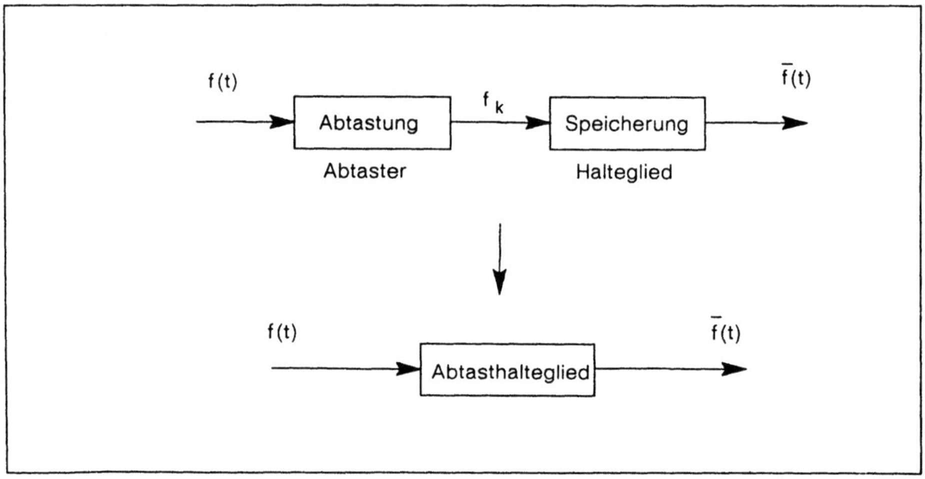

Bild 2.5 Abtasthalteglied

2.2.1 Abtastung von Basisfunktionen

Um den Abtastvorgang "mathematisch sauber" beschreiben zu können, müssen einige Basisfunktionen eingeführt werden.

Einheitssprung

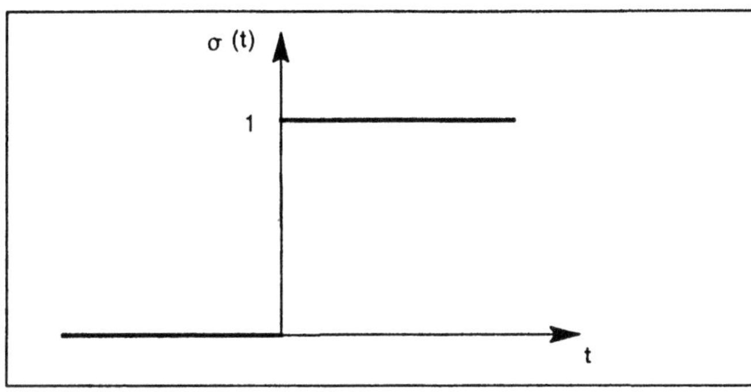

Bild 2.6 Abtastung des Einheitssprungs

$$\sigma(t) = \begin{cases} 1 & \text{für } t \geq 0 \\ 0 & \text{für } t < 0 \end{cases}$$

δ- Funktion

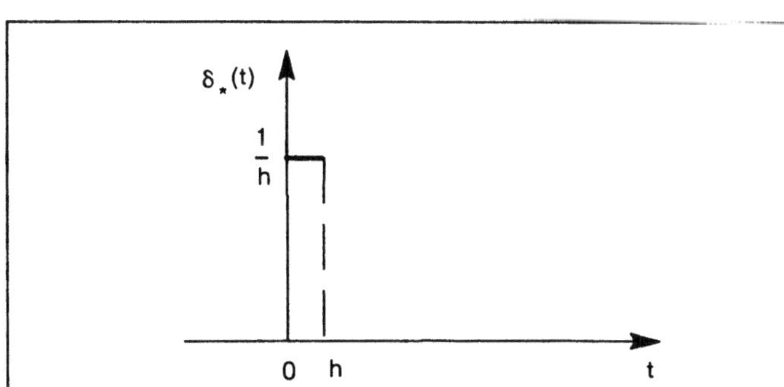

Bild 2.7 Die δ- Funktion

$$\delta(t) := \lim_{\substack{h \to 0 \\ h > 0}} \frac{\sigma(t) - \sigma(t-h)}{h} \qquad \delta_*(t) := \frac{\sigma(t) - \sigma(t-h)}{h}$$

$$\lim_{\substack{h \to 0 \\ h > 0}} \delta_*(t) = \delta(t) = \begin{cases} \infty & \text{für} \quad t = 0 \\ 0 & \text{für} \quad t \neq 0 \end{cases}$$

$\delta(t)$ könnte man als rechtseitige 'Ableitung' von $\sigma(t)$ interpretieren, die aber nicht existiert, da der Grenzwert unendlich ist.

Für den Grenzwert gilt:

$$\int_{-\infty}^{\infty} \delta(t) \, dt = \lim_{\substack{h \to 0 \\ h > 0}} \int_{-\infty}^{\infty} \delta_*(t) \, dt = 1$$

Ausblendeigenschaft der δ -Funktion:

$$\int_{-\infty}^{\infty} f(t) \, \delta(t - t_0) \, dt = f(t_0)$$

Wird die Integration über das Produkt aus einer Funktion f(t) und der δ-Funktion von minus unendlich bis plus unendlich gebildet, so wird nur der Wert der Funktion f(t) an der Stelle t_0 ausgeblendet.

Rampenfunktion

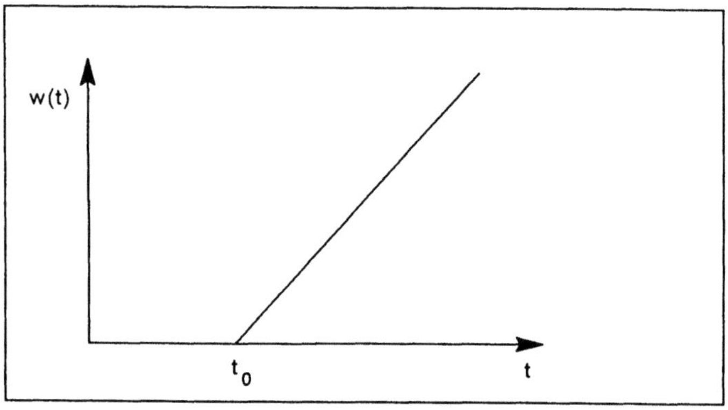

Bild 2.8 Rampenfunktion

$$w(t) = \begin{cases} t - t_0 & \text{für } t > t_0 \\ 0 & \text{für } t \leq t_0 \end{cases}$$

Die Rampenfunktion läßt sich als Integral über die Sprungfunktion gewinnen:

$$w(t) = \int_{-\infty}^{t} \sigma(\tau - t_0)\, d\tau = \int_{t_0}^{t} d\tau = t - t_0$$

Trigonometrische Funktionen

$u(t) = \sin(\omega_0 t + \varphi)$

↓ Abtastung

$u_k = u(kT) = \sin(kT\omega_0 + \varphi) = \sin(k\Omega_0 + \varphi)$

mit

$\Omega_0 := \omega_0 T$

$T = \frac{2\pi}{\omega_A}$

$\Omega_0 = \frac{2\pi\omega_0}{\omega_A}$

Ω_0 = normierte Frequenz

ω_A = Abtastfrequenz

T = Zeittakt

φ = Phasenverschiebung

2.2.2 Abtasthalteglied

Treppenfunktion

Aus der Funktion f(t) entsteht durch Abtastung und Speicherung die Treppenfunktion $\bar{f}(t)$. Die aus der Zeitfunktion f(t) entstandene Treppenfunktion $\bar{f}(t)$ läßt sich als Folge von Impulsen der konstanten Breite T (z.B. Impuls von 2T nach 3T) und der variablen Höhe $f_k = f(kT)$ deuten.

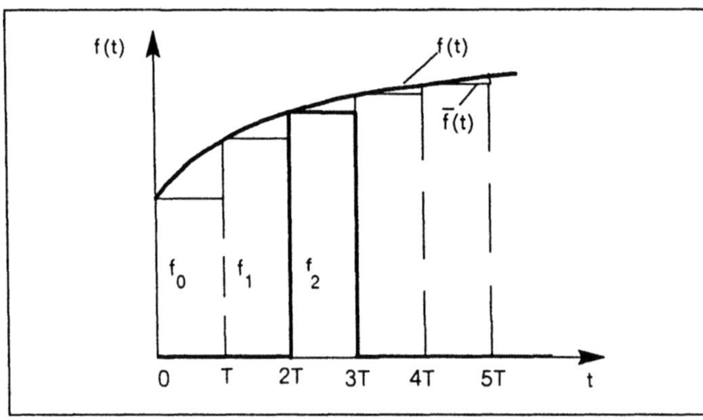

Bild 2.9 Übergang von f(t) in eine Treppenfunktion

Gemäß Bild 2.9 gilt für eine Treppenfunktion $\bar{f}(t)$:

$$\bar{f}(t) = \sum_{k=0}^{\infty} f_k \left[\sigma(t-kT) - \sigma(t-(k+1)T)\right]$$

Die Laplace-Transformation liefert:

$$\mathcal{L}[\bar{f}(t)] \equiv \bar{F}(s) = \sum_{k=0}^{\infty} f_k \left[\frac{e^{-kTs}}{s} - \frac{e^{-(k+1)Ts}}{s}\right]$$

$$\bar{F}(s) = \frac{1-e^{-Ts}}{s} \sum_{k=0}^{\infty} f_k\, e^{-kTs}$$

Die Zerlegung der Laplace-Transformierten von $\bar{f}(t)$ in die beiden Faktoren

$$\frac{1 - e^{-Ts}}{s} \quad \text{und} \quad \sum_{k=0}^{\infty} f_k \, e^{-kTs}$$

stimmt aber nicht mit den aus der Arbeitsweise der technischen Anlage stammende Operationen der "Abtastung" und "Speicherung über T" überein.

Denn es gilt im Sinne der Laplace - Transformation

$$\delta\,(t - t_0) \;\circ\!\!-\!\!\bullet\; e^{-t_0 s} \longrightarrow$$

$$F^*(s) := \sum_{k=0}^{\infty} f_k \, e^{-kTs} \;\bullet\!\!-\!\!\circ\; f^*(t) = \sum_{k=0}^{\infty} f_k \, \delta\,(t - kT)$$

Beim Übergang von f(t) zu $f^*(t)$ wird nicht nur die Wertefolge f_k aus f(t) entnommen, sondern zusätzlich wird jedes f_k mit δ (t - kT) multipliziert.

Die Funktion $f^*(t)$ ist mit dem in den Vorbemerkungen eingeführten Abtaster nicht identisch. Zur Unterscheidung wird das nachfolgende Symbol eingeführt.

$$f^*(t) = \sum_{k=0}^{\infty} f_k \, \delta\,(t - kT)$$

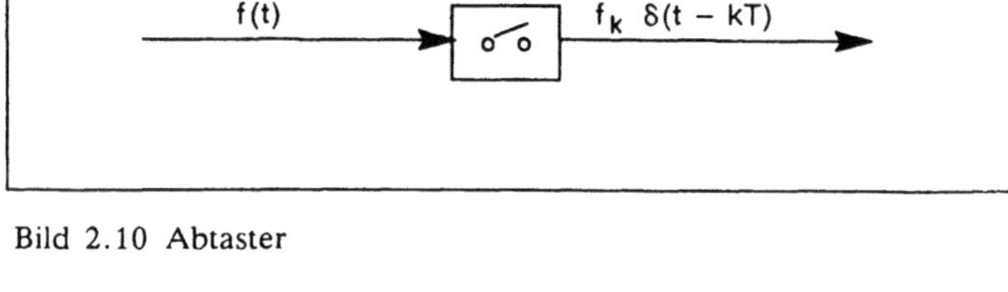

Bild 2.10 Abtaster

Nun betrachtet man den zweiten Faktor der Zerlegung:

$$G_h(s) = \frac{1 - e^{-Ts}}{s}$$

Wegen

$$G_h(s) = \frac{1}{s} - \frac{1}{s}\, e^{-Ts}$$

gilt im Zeitbereich

$$g_h(t) = \sigma(t) - \sigma(t - T)$$

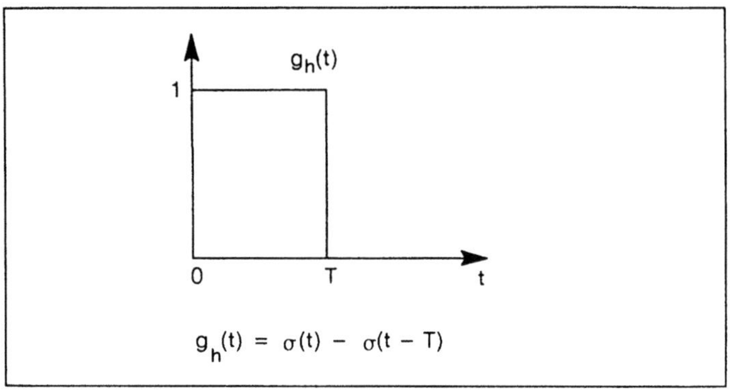

Bild 2.11 Mathematische Beschreibung eines Impulses

Schaltet man auf das Übertragungsglied $G_h(s)$ den δ-Impuls $f_k\ \delta(t - kT)$, so erhält man am Ausgang einen Impuls der Höhe f_k und der Breite T.

$$f_k\ \sigma\ (t - kT) \quad \circ\!\!-\!\!\!-\!\!\bullet \quad f_k \frac{e^{-kTs}}{s}$$

Die Zusammenfassung der beiden Faktoren liefert schließlich

$$f_k \cdot \frac{1 - e^{-Ts}}{s} \cdot \frac{e^{-kTs}}{s}$$

$$f_k\left[\frac{e^{-kTs}}{s} - \frac{e^{-(k+1)Ts}}{s}\right] \;\bullet\!\!-\!\!\circ\; f_k\left[\delta(t-kT) - \delta(t-(k+1)T)\right]$$

Höhe (unter f_k) Breite T (unter der Klammer)

Halteglied

Der Gewichtsfaktor f_k wird somit über das Zeitintervall T gehalten. $G_h(s)$ wird daher als Halteglied bezeichnet.

Aufgrund dieser Halteeigenschaft wird $f^*(t)$ in $\bar{f}(t)$ umgewandelt.

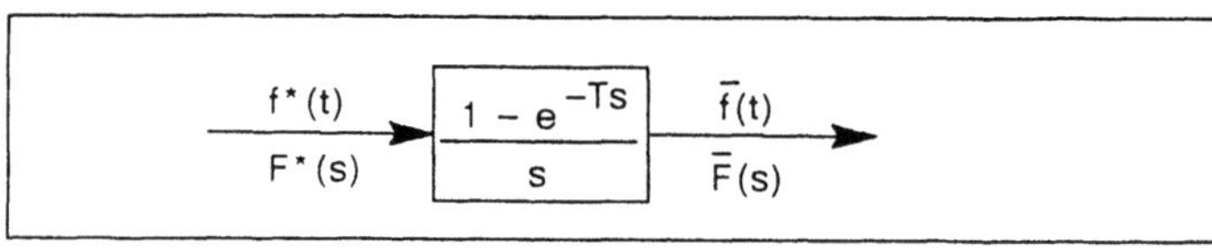

Bild 2.12 Halteglied

2.2.3 Gegenüberstellung der mathematischen und technischen Darstellung der Abtastung

Die Abtastung einer Funktion kann mathematisch und technisch dargestellt werden.

Technische Darstellung

Die technische Darstellung der Abtastung ist, bezogen auf Vorgänge in der technischen Anlage, eine Reihenschaltung von Abtastung und Speicherung über T.

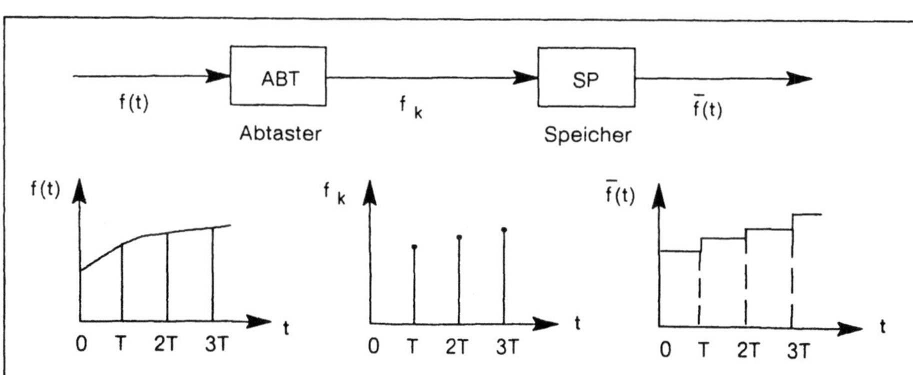

Bild 2.13 Abtastung – technische Beschreibung

Mathematische Darstellung

Die mathematische Darstellung der Abtastung ist, bezogen auf die mathematische Zerlegung, eine Reihenschaltung von "δ-Abtaster" und "Halteglied".

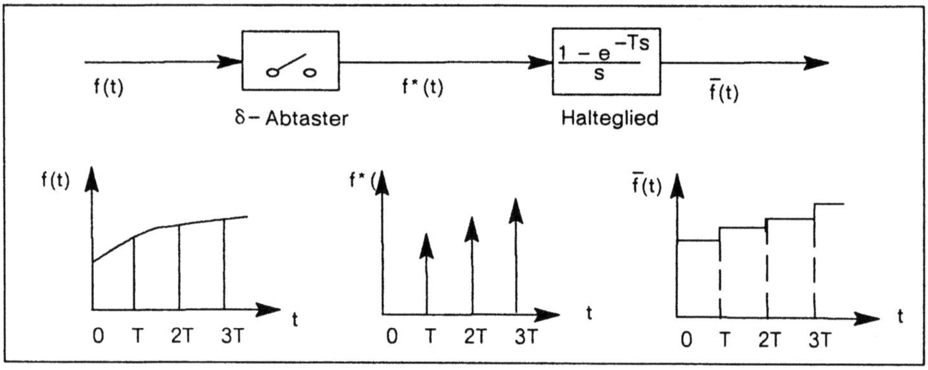

Bild 2.14 Abtastung – mathematische Beschreibung

Die mathematische Darstellung der Abtastung ist gerätetechnisch nicht exakt realisierbar, da die δ-Funktionen als beliebig hohe schmale Impulse nicht zu verwirklichen sind.

2.2.4 Amplitudenquantisierung

Zieht man den A/D-Umsetzer zur Betrachtung hinzu, so ist zusätzlich zur Zeitquantisierung eine Quantisierung der Amplitude zu betrachten.

A/D Wandlung

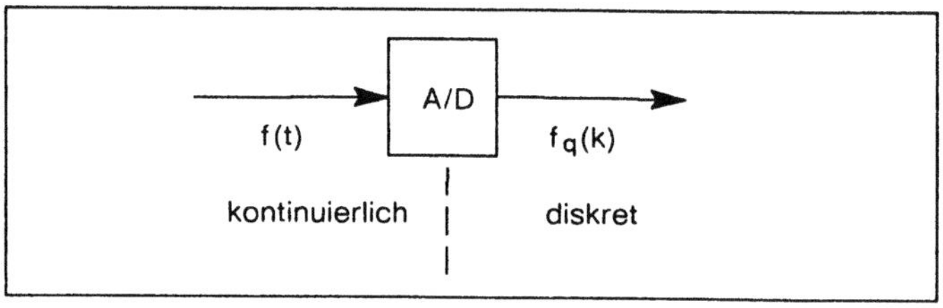

Bild 2.15 A/D Wandlung

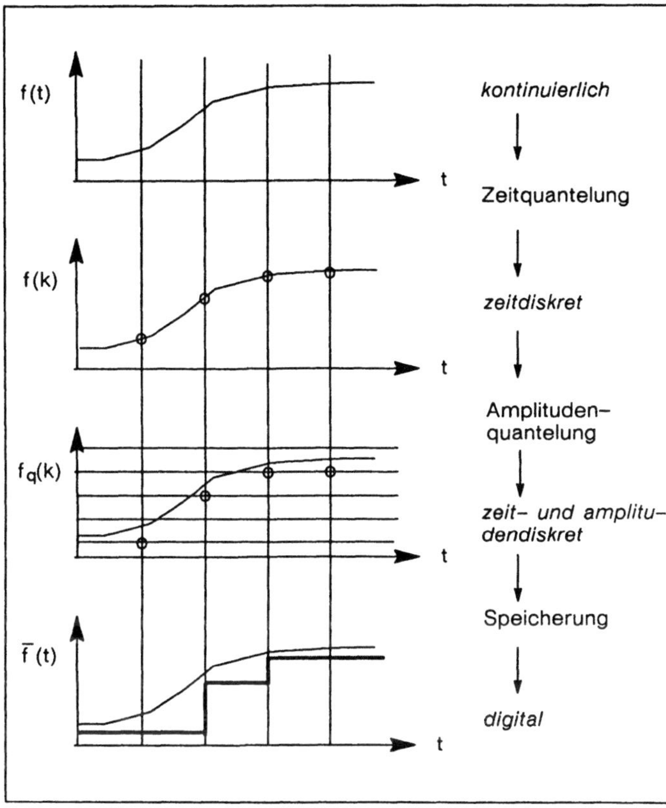

Bild 2.16 Übergang kontinuierlich – digital

Nach der Abtastung und A/D Wandlung geht f(t) in ein zeit- und amplitudendiskretes Signal über.

In der Praxis kann die Amplitudenquantisierung bei einer feinen Quantelung als quasikontinuierlich betrachtet werden.

Die durch die Zeit- und Amplitudenquantelung entstehenden Ungenauigkeiten werden in Abschnitt 2.6 untersucht.

2.3 Abtasttheorem von Shannon

Das Abtasttheorem von Shannon formuliert zwei notwendige Bedingungen zur eindeutigen Abbildung einer kontinuierlichen Funktion durch Abtastwerte. Da die Bedingungen im Frequenzbereich formuliert sind, wird die Definition der Fouriertransformation nachfolgend dargestellt.

Fourier-transformation

Definition der Fouriertransformierten einer Zeitfunktion und Darstellung der inversen Fouriertransformierten.

Zeitfunktion		Fouriertransformierte
$u(t)$	○——●	$U(j\omega) = \int_{-\infty}^{\infty} u(t)\, e^{-j\omega t}\, dt$

Fouriertransformierte		Zeitfunktion (inverse Fouriertransformierte)
$U(j\omega)$	○——●	$u(t) = \frac{1}{2\pi} \int_{-\infty}^{\infty} U(j\omega)\, e^{j\omega t}\, d\omega$

Shannon'sches Abtasttheorem

$u(t)$ wird eindeutig durch die Abtastwerte $u_k = u(kT)$ abgebildet, wenn A und B gelten.

A	$T_A \leq \frac{\pi}{\omega_g}$ oder $\omega_A \geq 2\omega_g$
B	$u(t)$ besitzt eine bandbegrenzte Fouriertransformierte mit $U(j\omega) = 0$ für $\omega > \omega_g$

Bild 2.17 Shannon'sches Abtasttheorem

ω_g wird als "Grenzfrequenz" oder "Grenzkreisfrequenz" bezeichnet.

Bei existierender Grenzkreisfrequenz ergibt sich die Integraldarstellung der Zeitfunktion (=Inverse Fouriertransformierte) zu

$$u(t) = \frac{1}{2\pi} \int_{-\omega_g}^{\omega_g} U(j\omega)\, e^{j\omega t}\, d\omega$$

Die Bandbegrenzung läßt sich mittels eines Tiefpaßfilters realisieren:

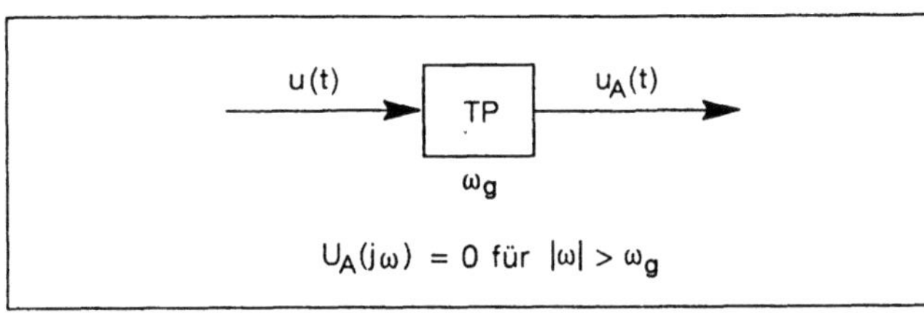

Bild 2.18 Anti–Aliasing Filter

Der Tiefpaß wird Anti–Aliasing Filter genannt.

Bestimmung der Grenzfrequenz

Die Anwendung des Shannon'schen Abtasttheorems setzt die Kenntnis der Grenzfrequenz des abgetasteten Signals voraus. In Abhängigkeit von der Abtaststelle (Bilder 2.19 und 2.20) setzt sich das abgetastete Signal aus dem Soll- und dem Istwert (Bild 2.20) zusammen oder beinhaltet nur die Führungsgröße (Bild 2.19) des Systems.

Abtastung vor dem Summationspunkt

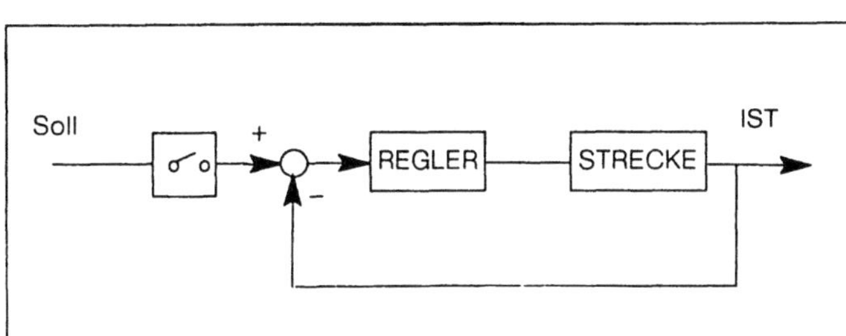

Bild 2.19 Abtastung vor dem Summationspunkt

Die Dynamik des abgetasteten Systems ist gleich der Dynamik der Führungsgröße. Zur Bestimmung der Grenzfrequenz der Führungsgröße ist das Frequenzspektrum z.B. durch Fast-Fouriertransformation zu ermitteln.

Abtastung nach dem Summationspunkt

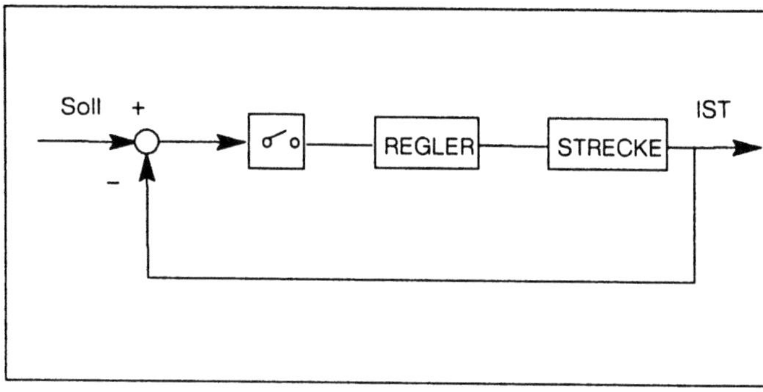

Bild 2.20 Abtastung nach dem Summationspunkt

Bei der Abtastung nach dem Summationspunkt setzt sich die Dynamik des abgetasteten Signals aus der Dynamik der Führungsgröße und der Dynamik der Strecke zusammen. Da die Dynamik des Nachlaufkreises immer größer als die Dynamik der Führungsgröße sein sollte, ist bei der Bestimmung der Grenzfrequenz ω_g, im Gegensatz zur Abtastung vor dem Summationspunkt, die Dynamik des Nachlaufkreises zu berücksichtigen.

In der Praxis ist das Frequenzspektrum in ein Nutzfrequenzband und der Rest als Rauschanteil zu definieren.

Beispiel Es soll die Grenzfrequenz eines Beschleunigungsprofils von Flugobjekten bestimmt werden, z.B. Bild 2.21.

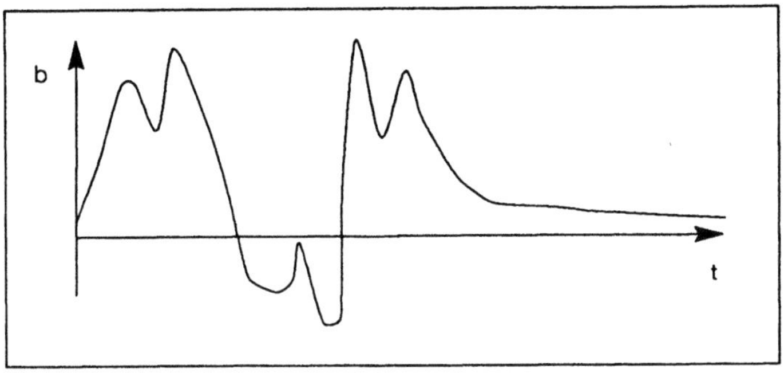

Bild 2.21 Beschleunigungsprofil eines Flugobjekts

Die Beschleunigungswerte werden fouriertransformiert und das Frequenzspektrum (Bild 2.22) aufgezeichnet.

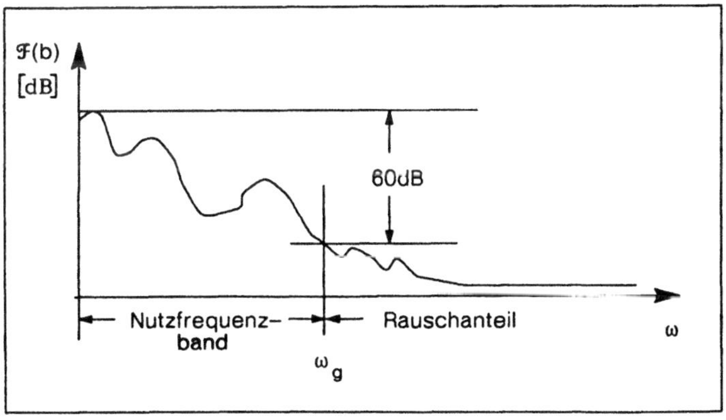

Bild 2.22 Frequenzspektren der Beschleunigungswerte

Die Grenzfrequenz ω_g wird bei einer Dämpfung von 60 dB festgelegt.

Beispiel

In diesem Beispiel wird eine Sinusschwingung bewußt mit Abtastfrequenzen abgetastet, die mit Shannon nicht konform sind.

Aus den entstehenden Impulsfolgen ist bei Nichteinhaltung des Abtasttheorems eine Rekonstruktion des Ausgangssignals nicht möglich.

Betrachte:

$$u(t) = U_0 \sin \omega_0 t$$

$$\Big\downarrow \text{ Abtastung}$$

$$u_k = u(kT) = U_0 \sin k\omega_0 T$$

Die Sinusfunktion wird mit den Zeittakten T_1, T_2, T_3 abgetastet.

Abtastung mit T_1

$$T_1 = \frac{\pi}{4\,\omega_0}$$

$$u_0 = 0$$

$$u_1 = U_0 \sin \frac{\pi}{4}$$

$$u_2 = U_0 \sin \frac{\pi}{2}$$

$$u_3 = \dots$$

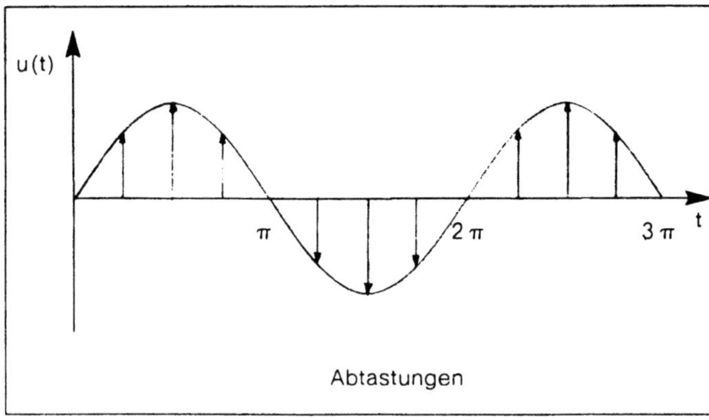

Bild 2.23 Abtastung von sin ω_0 t mit $T_1 = \frac{\pi}{4\omega_0}$

Abtastung mit T_2

$T_2 = \frac{\pi}{\omega_0}$

$u_0 = 0$

$u_1 = U_0 \sin \pi$

$u_2 = U_0 \sin 2\pi$

$u_3 = \ldots$

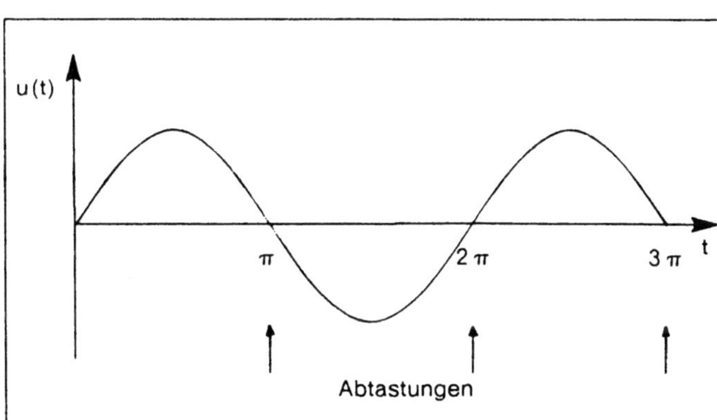

Bild 2.24 Abtastung von sin ω_0 t mit $T_2 = \frac{\pi}{\omega_0}$

Abtastung mit T_3

$$T_3 = \frac{2\pi}{\omega_0}$$

$$u_0 = 0$$

$$u_1 = U_0 \sin 2\pi$$

$$u_2 = U_0 \sin 4\pi$$

$$u_3 = \ldots$$

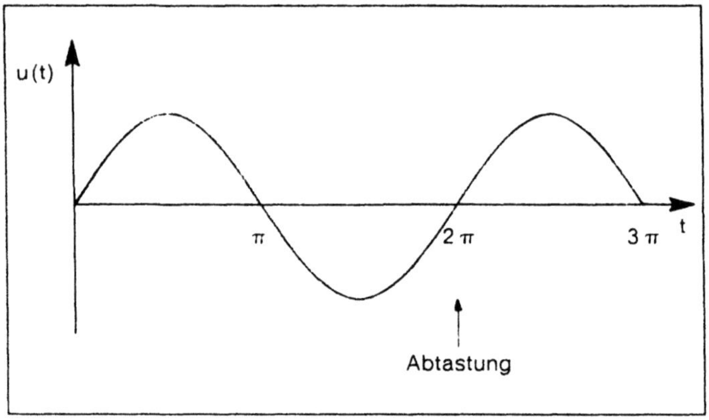

Bild 2.25 Abtastung von $\sin \omega_0 t$ mit $T_3 = \frac{2\pi}{\omega_0}$

Eindeutigkeit der Abtastung

Es ergibt sich immer eine eindeutige Zuordnung zwischen kontinuierlichem Funktionsverlauf und der diskreten Folge.

$$u(t) \xrightarrow[\text{eindeutig}]{\text{Abtastung}} u_k$$

Die Rekonstruktion des kontinuierlichen Verlaufs aus der diskreten Folge ist in Abhängigkeit von der Abtastfrequenz möglich, aber nicht eindeutig. Je gröber die Abtastung ist, desto schlechter läßt sich auf den wahren Funktionsverlauf schließen.

$$u_k \xrightarrow[\text{möglich, aber nicht eindeutig}]{\text{Rekonstruktion}} u(t)$$

2.4 Frequenzspektren abgetasteter Signale

2.4.1 Amplitudengang

Faltung

Die Abtastung einer Funktion wird im Zeitbereich durch die Faltung mit einer Impulsfolge repräsentiert.
In Bild 2.26 wird u(t) mit p(t) gefaltet. Das Resultat der Faltung ist die Wertefolge u(kT).

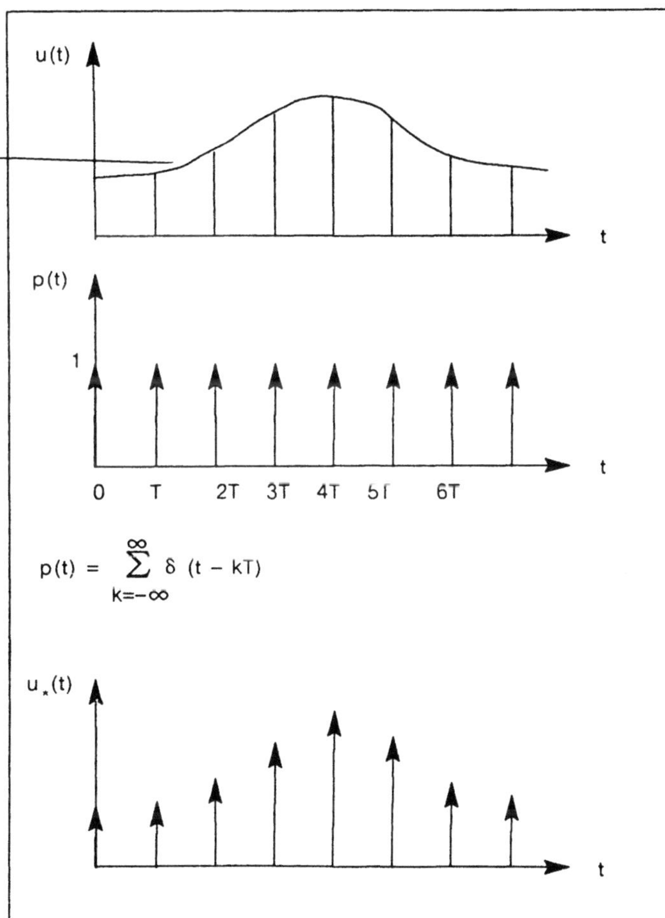

Bild 2.26 Faltung der Eingangsfunktion u(t) mit der Impulsfolge p(t)

Die Impulsfolge p(t) ist die Summe von zeitlich verschobenen δ-Impulsen. Die Faltung aus u(t) und p(t) ergibt die Impulsfolge u(kT) oder u(kT) * p(t) - sprich: u(kT) gefaltet mit p(t).

Die Faltung ist durch die folgenden Gleichungen beschrieben.

$$p(t) = \sum_{k=-\infty}^{\infty} \delta(t - kT)$$

$$u_*(t) = p(t) * u(t)$$

$$= \sum_{k=-\infty}^{\infty} u(kT)\, \delta(t - kT)$$

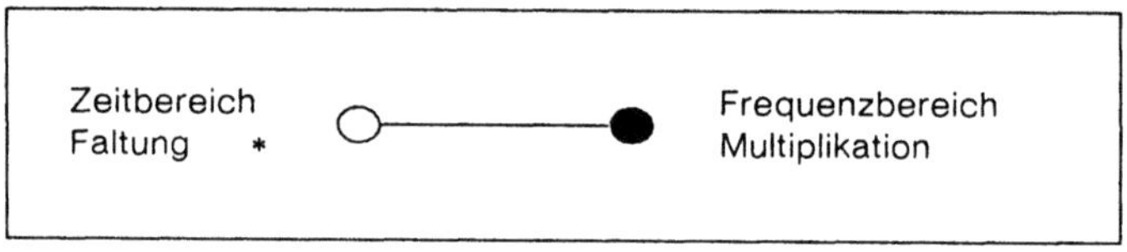

Bild 2.27 Übergang Zeit- / Frequenzbereich

Eine Faltung im Zeitbereich geht im Frequenzbereich in eine Multiplikation über.

Folglich geht die Faltung u(t) mit der Impulsfolge in eine Multiplikation der Fouriertransformierten von u(t) und δ(t) über.

Fouriertransformierte von u(t)

$$\mathfrak{F}(u(t)) = U_0(j\omega)$$

Fouriertransformierte von p(t)

$$\mathfrak{F}(p(t)) = P(j\omega) = \frac{2\pi}{T} \sum_{m=-\infty}^{\infty} \delta_0 \left(j\omega - j\frac{2\pi}{T} m\right)$$

Die abgetastete Funktion u(t) im Frequenzbereich ist das Produkt aus $U_0(j\omega)$ und $P(j\omega)$.

Amplitudenspektrum

$$U_*(j\omega) = U_0(j\omega) \cdot P(j\omega)$$

$$= \frac{1}{T} \sum_{m=-\infty}^{\infty} U_0(j\omega - j\frac{2\pi}{T} m)$$

$U_*(j\omega)$ - Amplitudenspektrum der Impulsfolge u(kT)

$U_0(j\omega)$ - periodische Funktion

Periodizität

Die Spektren abgetasteter Signale sind stets periodisch.

2.4.2 Betrachtung des Abtasttheorems von Shannon im Frequenzbereich

Abtastung mit den Frequenzen

$\omega_A \geq 2\,\omega_g$

$\omega_A = 2\,\omega_g$

$\omega_A \leq 2\,\omega_g$

Bild 2.28 zeigt die Auswirkungen des Abtasttheorems von Shannon im Frequenzbereich bei Abtastung mit unterschiedlichen Frequenzen. Durch die Periodizität der abgetasteten Signale werden Frequenzspektren an der Abtastfrequenz gespiegelt.

Bei einer Abtastung mit einer Frequenz $\omega_A < 2\omega_g$ werden in das Grundspektrum $\omega < \omega_g$ höhere Frequenzanteile hineingespiegelt. Die Eingangsimpulsfolge wird durch die Abtastung verfälscht.

Die Frequenzanteile $\omega < \omega_g$ sind vor der Abtastung durch einen Tiefpaß nach Bild 2.32 - Tiefpaß am Eingang der Verarbeitungskette - herauszufiltern.

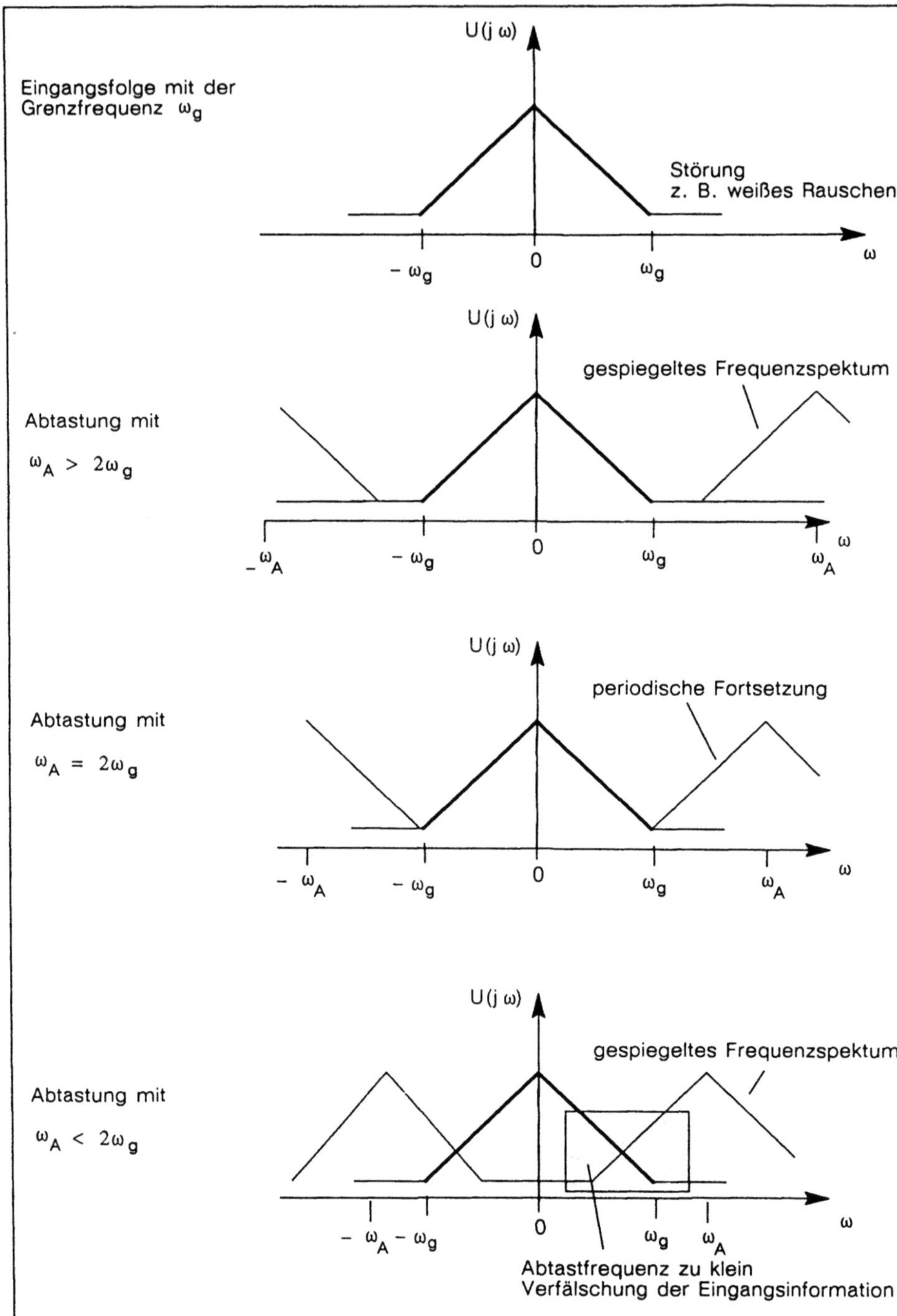

Bild 2.28 Frequenzspektren abgetasteter Folgen

Beispiel $u_0(t) = \cos \omega_0 t$;

mit $f_0 = 1$ kHz

Abtastfrequenz $f_A = 3$ kHz

$\omega_A > 2\ \omega_0$

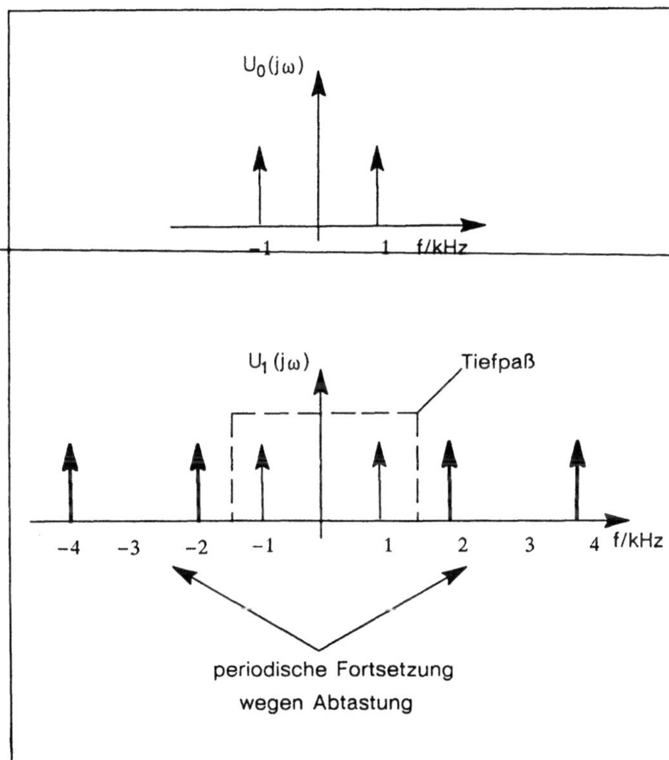

Bild 2.29 Abtastung von cos $\omega_0 t$ mit $\omega_A > 2\ \omega_0$

Setzt man, wie im Bild 2.29 gezeigt, einen idealen Tiefpaß ein (d.h. mit steiler Flanke), so ist das Originalspektrum identisch dem abgetasteten Spektrum.

Die gespiegelten Frequenzanteile ω > 1kHz sind nach der digitalen Verarbeitung durch einen Tiefpaß herauszufiltern. (Bild 2.32 Tiefpaß am Ende der Verarbeitungskette)

Gegenbeispiel

$u_0(t) = \cos \omega_0 t$;

mit $f_0 = 2$ kHz

Abtastfrequenz $f_A = 3$ kHz

$\omega_A < 2\ \omega_0$

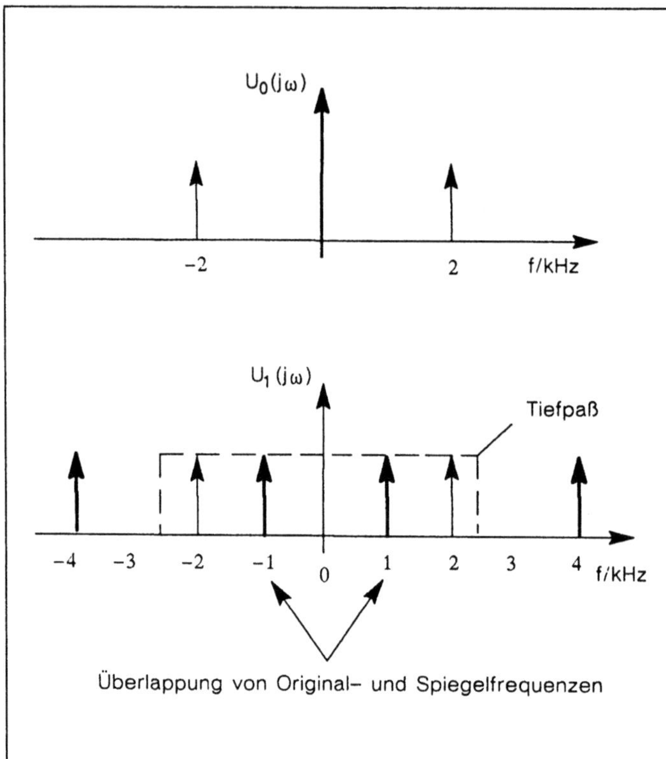

Bild 2.30 Abtastung von cos $\omega_0 t$ mit $\omega_A < 2\ \omega_0$

Das Signal ist nach der Abtastung und der Bandbegrenzung mit einem idealen Tiefpaß mit dem ursprünglichen Signal nicht mehr identisch. Es werden wegen Nichteinhaltung des Abtasttheorems ($\omega_A < 2\ \omega_g$) Frequenzanteile in das Grundspektrum hineingespiegelt.

2.4.3 Anti-Aliasing Filter

Die unter 2.4.2 gezeigten Zusammenhänge bedingen die Einbringung von Tiefpaßfiltern an Ein- und Ausgang der digitalen Signalverarbeitungskette.

Kontinuierliche Verarbeitung

In der kontinuierlichen Signalverarbeitung wird das Eingangssignal $u_0(t)$ durch die Übertragungsfunktion des analogen Systems auf $y_0(t)$ abgebildet.

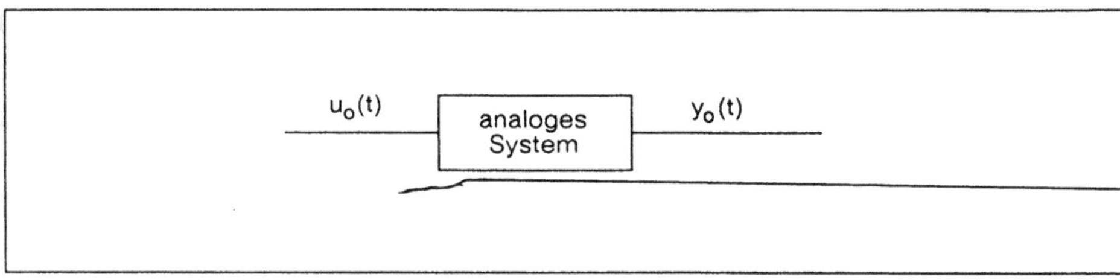

Bild 2.31 Abbildung von u(t) auf y(t) durch ein analoges System

Digitale Verarbeitung

Zur Bandbegrenzung wird am Ein- und Ausgang des Systems ein Tiefpaß installiert. (siehe Bild 2.28 / 2.30)
Der Tiefpaß am Eingang wird Anti-Aliasingfilter genannt.

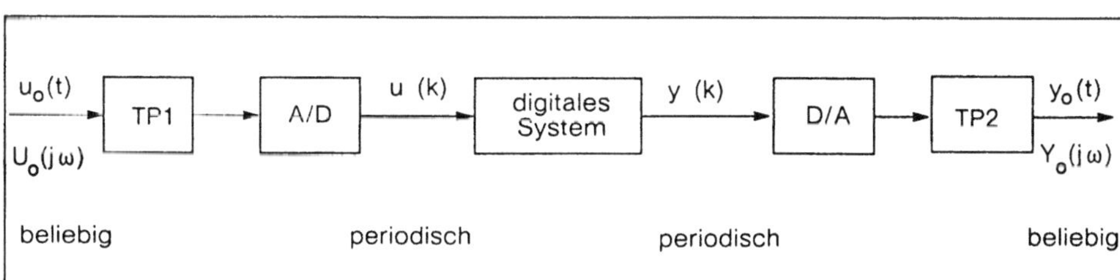

Bild 2.32 Abbildung von u(t) auf y(t) durch ein digitales System

Beispiel

Die Abtastzeit beträgt 40 ms, d.h. $f_A = 25$ Hz. Nach Shannon wird mit $\omega_A = 2\,\omega_g$ abgetastet.

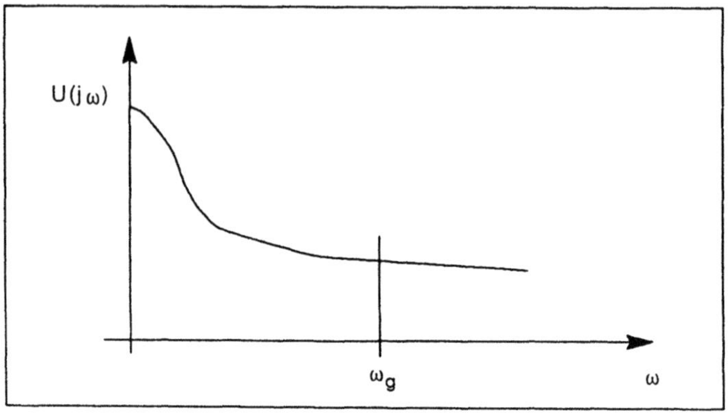

Bild 2.33 Spektrum des Eingangssignals U(jω)

Sinusschwingungen mit einer Frequenz größer f_g tragen daher nur zum Rauschen bei. Bei passiven Filtern kann nur eine aperiodische Dämpfung ($d \geq 1$) realisiert werden (z.B. Hintereinanderschaltung zweier RC–Tiefpässe). Um einen Dämpfungsgrad $d < 1$ zu erreichen, kommt ein aktives Filter mit einer Grenzfrequenz von 12,5 Hz zur Anwendung.

Ein aktives Tiefpaßfilter 2. Ordnung mit Einfachmitkopplung wird schaltungsgemäß wie folgt realisiert:

Dimensionierung Anti–Aliasingfilter

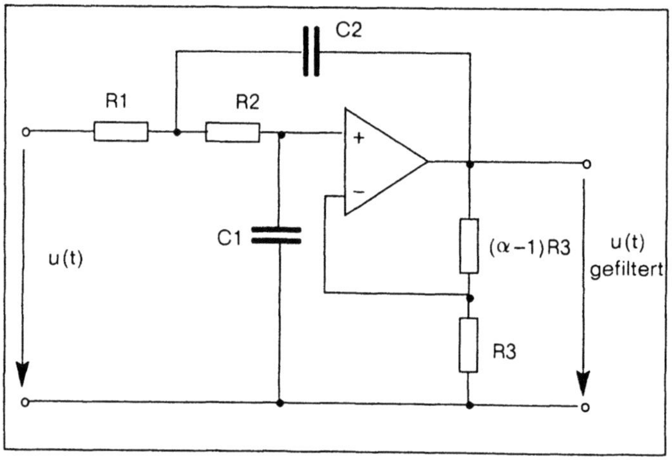

Bild 2.34 Aktiver Tiefpaß

Die Übertragungsfunktion ergibt sich zu:

$$F(s) = \frac{\alpha}{1+[C1(R1+R2) + (1-\alpha)R1C2]\,s + R1R2C1C2s^2}$$

vgl. Tietze/Schenk: Halbleiterschaltungstechnik S.295

Wählt man R1 = R2 = R und C1 = C2 = C, so wird

$$F(s) = \frac{\alpha}{1 + RC(3-\alpha)s + (RC)^2 s^2}$$

Der Dämpfungsgrad d beträgt dann

$$d = \frac{3-\alpha}{2}$$

Folgende Dimensionierung wird vorgenommen:

$$\frac{1}{RC} = \omega_0 = 78\ s^{-1}$$

$$RC = 12{,}8\ ms$$

$$d = 0{,}75 \rightarrow \alpha = 1{,}5$$

2.5 Kriterien zur Bestimmung der Abtastrate

Bei der Bestimmung der Abtastrate eines digitalen Systems sind eine Reihe von Kriterien zu berücksichtigen. In diesem Abschnitt werden Grenzwerte, technische Kriterien und Faustformeln zusammengestellt. Die Kriterien werden abschließend mit einem Beispiel illustriert.

Grenzwerte der Abtastrate

Minimale Abtastzeit
Die untere Grenze der Abtastrate ist durch die notwendige Rechenzeit für den Regelalgorithmus vorgegeben. Die Rechnerleistung ist so zu dimensionieren, daß die Abtastzeit immer kleiner ist als die durch das Abtasttheorem vorgegebene maximale Abtastzeit. Eine Erhöhung der Abtastfrequenz, d.h. eine Verringerung der Zeit zwischen zwei Abtastungen, gestattet eine Erhöhung der Grenzfrequenz ω_g und damit die Erfassung eines größeren Frequenzspektrums des abgetasteten Signals.

Maximale Abtastzeit
Die maximale Abtastzeit bzw. die minimale Abtastfrequenz ist durch das Shannon'sche Abtasttheorem vorgegeben. Das Abtastkriterium von Shannon setzt auf die Grenzfrequenz des abgetasteten Signals auf. Die Berechnung der Grenzfrequenz ist unter 2.4 beschrieben. Bei Abtastung der Fehlerspannung, d.h. nach dem Summationspunkt (Bild 2.35), gehen die Eigenschaften des Regelkreises implizit in die Wahl der maximalen Abtastzeit ein.

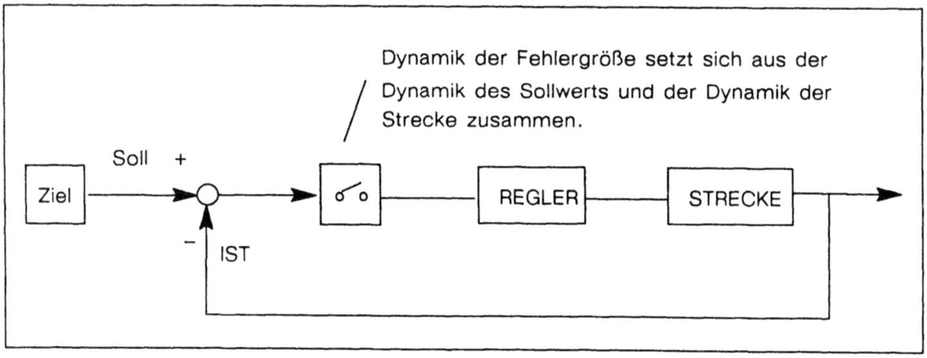

Bild 2.35 Abtastung nach dem Summationspunkt

Kriterien

Zur Festlegung des Zeittaktes sind neben den unter 2.4 und oben beschriebenen Randbedingungen folgende Kriterien zu beachten.

- Stabilität des Regelkreises:
  Der Phasenrand wird durch die abtastbedingte Totzeit geschmälert.

- Zeitgerechte Zuordnung des abgetasteten Signals:
  Das abgetastete Signal ist in der darauffolgenden Verarbeitung zeitlich korrekt den sonstigen Regelgrößen zuzuordnen.

- Verfügbare Rechenzeit:
  Der digitale Regelkreis ist in einen Realzeitprozeß eingebunden und damit an übergeordnete Rechenzeitvorgaben gebunden.

- Kosten der Rechnerleistung:
  Eine Verkleinerung des Abtastintervalls bedingt eine höhere Rechnerleistung und damit höhere Rechnerkosten, höheren Leistungsbedarf und folglich auch höheren Kühlungsbedarf. Aus dieser Sicht ist ein möglichst großes Abtastintervall anzustreben.

- Systementwurf:
  In einem komplexen System wird eine Reihe von digital geregelten Prozessen eingebunden. Aus Systemüberlegungen wird man für alle Prozesse einen einheitlichen Zeittakt anstreben. Damit ist das Funktionspaket Anti-Aliasingfilter - D/A Wandler mehrfach verwendbar.

- Totzeit, Verzögerungszeit des Prozesses:
  Bei Abtastung der Fehlerspannung eines Prozesses mit Totzeit ist die ausschließliche Berücksichtigung des Shannon'schen Abtasttheorems nicht ausreichend. Die Behandlung von Prozeßtotzeiten und Verzögerungszeiten wird im folgenden Abschnitt behandelt. Durch die Abtastung mit einer Taktzeit T_A entsteht eine zusätzliche Totzeit von $1/2 \cdot T_A$.

Faustformel

Zusammenfassend können zur Auslegung der Abtastfrequenz Faustformeln angegeben werden. Die Faustformeln sind dem Buch "Digitale Regelsysteme" - R.Isermann entnommen. Eine ausschließliche Abstützung auf die Faustformeln ohne tiefere Beschäftigung mit dem Gesamtfragenkomplex "Zeittakt, Abtasttheorem, Kriterien usw." wird nicht empfohlen.

Prozeß ohne Totzeit

$$T_A \approx \left(\frac{1}{6} \cdots\cdots \frac{1}{5}\right) T_{95}$$

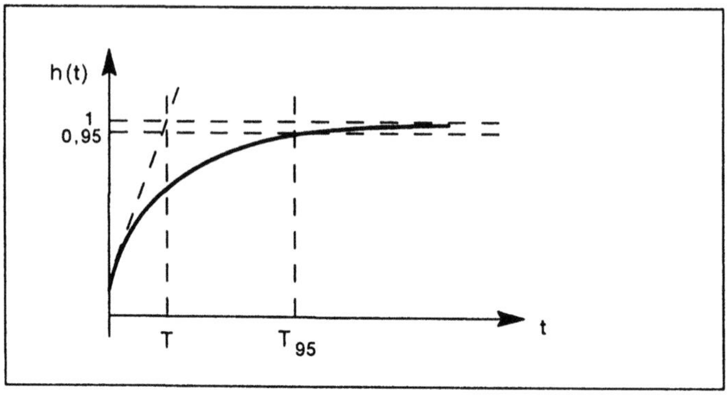

Bild 2.36 Bestimmung von T_{95} aus der Übertragungsfunktion eines Prozesses ohne Totzeit

Prozeß mit Totzeit

$$T_A \approx \begin{cases} (1{,}2 \;....\; 0{,}35)\; T_U & \text{für} \quad 0{,}1 \leq \frac{T_U}{T} \leq 1{,}0 \\ (0.35 \;...\; 0.22)\; T_U & \text{für} \quad 1{,}0 \leq \frac{T_U}{T} \leq 10 \end{cases}$$

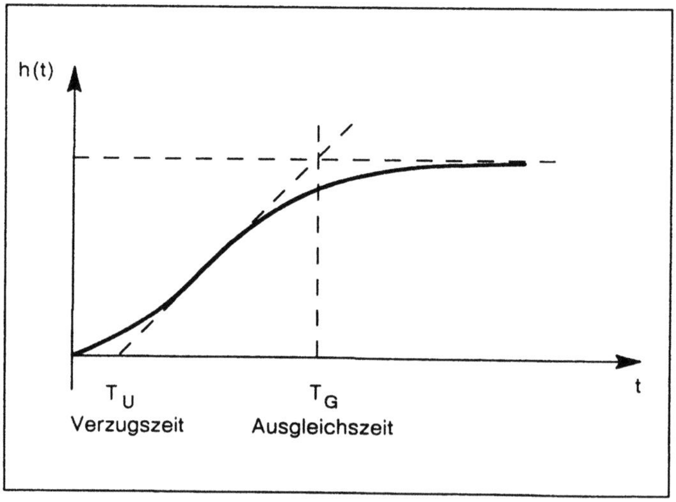

Bild 2.37 Bestimmung von Verzugszeit und Ausgleichszeit aus der Übertragungsfunktion eines Prozesses mit Totzeit

Beispiel

Es wird ein System, bestehend aus drei Antrieben, betrachtet. In dem System werden die Antriebe von einem Rechner gesteuert.

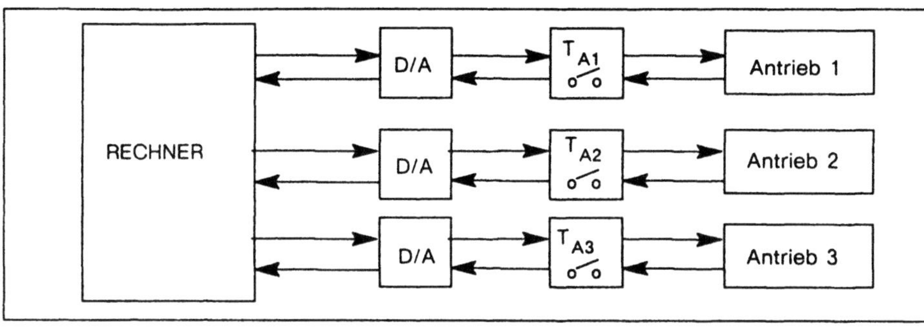

Bild 2.38 Regelung von drei Antrieben mit einem Rechner

Zur Bestimmung der Abtastzeiten T_{A1}, T_{A2}, T_{A3} werden die oben aufgeführten Kriterien angewendet.

Die Antriebe haben im wesentlichen PT_1-Verhalten. Die Nachführung erfolgt durch PI-Regler, und die Steuerspannungen werden jeweils bei Beginn des neuen Zeittaktes ausgegeben. Die Berechnung der Steuerspannungen kann somit in einem Zeittakt sequentiell für die drei Antriebe durchgeführt werden.

Der **Signalfluß für einen Antrieb** ist in Bild 2.38 - Regelung von drei Antrieben mit einem Rechner - dargestellt.

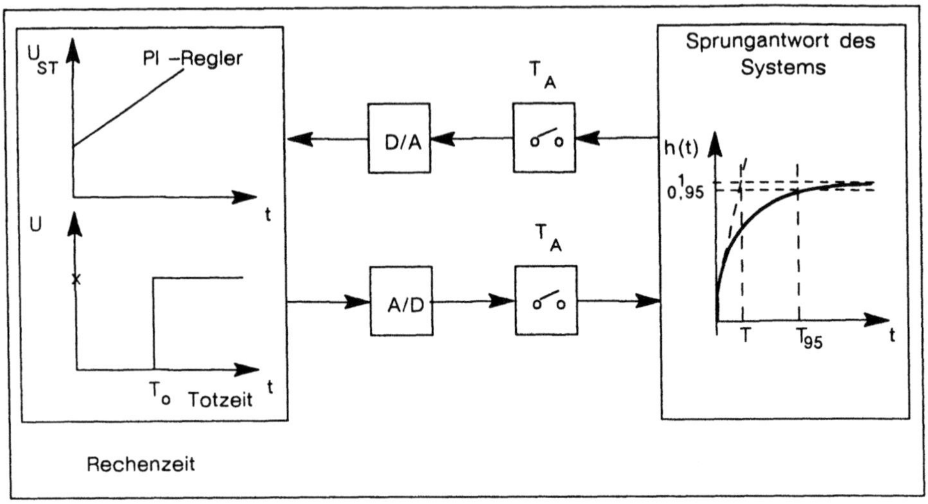

Bild 2.39 Regelung eines Antriebs mit PT_1-Verhalten

Der Zeittakt wird aufbauend auf die in der Spezifikation stehenden Zeitkonstante der Strecke und auf die Messung bestimmt. In der Praxis zeigt sich, daß zur Absicherung der Zeittaktfestlegung Messungen erforderlich sind.

Die Abtastzeit T_A wird nach der Faustformel

$$T_A \approx \left(\frac{1}{6} \cdots \frac{1}{5}\right) T_{95}$$

dimensioniert. Für die Bestimmung von T_{95} wird die Zeitkonstante nach der Dokumentation des Antriebs und nach einer durchgeführten Messung parallel betrachtet. Diese Vorgehensweise zeigt deutlich, wie weit eine rein auf Dokumenten basierende Dimensionierung des Zeittaktes von den realen Erfordernissen des Systems abhängen kann.

Die Zeitkonstante des Antriebs beträgt

Dokumentation $T_{S_{soll}} = 150$ ms

Messung $T_{S_{ist}} = 75$ ms

Berechnung von T_{95} Die Zeit T_{95}, d.h. die Zeit bis zum Erreichen von 95% des Eingangswertes bei Beaufschlagung mit einem Sprung, ist das fünffache der Zeitkonstanten.

$$T_{95\,soll} = 450\ ms$$

$$T_{95\,ist} = 225\ ms$$

Bereich des Zeittaktes Die nach der Faustformel berechnete Abtastzeit variiert zwischen 15 und 75 ms.

$$T_A \approx \left(\frac{1}{6}\ldots\frac{1}{5}\right) T_{95} \begin{cases} 75 \ldots 30\ ms & \text{SOLL} \\ 40 \ldots 15\ ms & \text{IST} \end{cases}$$

Da in dieser Anwendung die Dynamik der Führungsgröße deutlich geringer als die Dynamik der Strecke ist, wird für den Antrieb der Zeittakt auf 20 ms festgelegt.

Die Zeitkonstanten der drei Antriebe bewegen sich nach Messung alle im Bereich 75 ms bis 200 ms.
Es wird für das Gesamtsystem ein Zeittakt T_A = 20 ms gewählt. In einer praktischen Erprobung hat sich gezeigt, daß die Ausgabe der Steuerspannung, versetzt um einen Zeittakt im Bezug auf das Einlesen der Fehlerspannung, keinen spürbaren Einfluß auf die Stabilität des Systems hat.

2.6 Quantisierungsfehler

In Abhängigkeit von der Wortlänge in der Prozeßdatenverarbeitung entstehen Fehler bei der Quantisierung. Bei großen Wortlängen kann das amplitudenquantisierte Signal als quasikontinuierlich betrachtet werden. Bei kleineren Wortlängen ist eine Berücksichtigung der dadurch entstandenen Ungenauigkeiten erforderlich.

Quantisierungsfehler

- Quantisierung von Variablen
  Rundungen von Regelgrößen und Stellgrößen im A/D- und D/A- Wandler, sowie in der Zentraleinheit

- Quantisierung von Koeffizienten
  Rundungen von Reglerparametern

- Quantisierung von Zwischenergebnissen in Regelalgorithmen

- Rundungen von Produkten

Beispiel

Bei der digitalen Regelung des Antriebes ist die Auflösung des D/A Wandlers und des Synchro-Digital-Wandlers festzulegen. Die regelungstechnische Struktur des Antriebs zeigt Bild 2.40. Die Hardware/Software Struktur ist in Bild 2.41 dargestellt, wobei die Schnittstelle zwischen Hardware und Software von der Interfacebaugruppe gebildet wird. Die LSB-Werte des D/A-Wandlers und des Synchro-Digital-Wandlers sind so zu bestimmen, daß der resultierende Einfluß auf die Gesamtgenauigkeit in gleicher Größenordnung liegt.

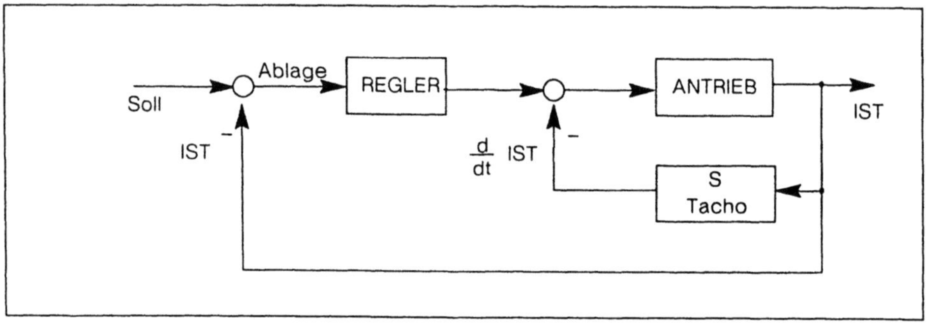

Bild 2.40 Blockschaltbild : regelungstechnisch

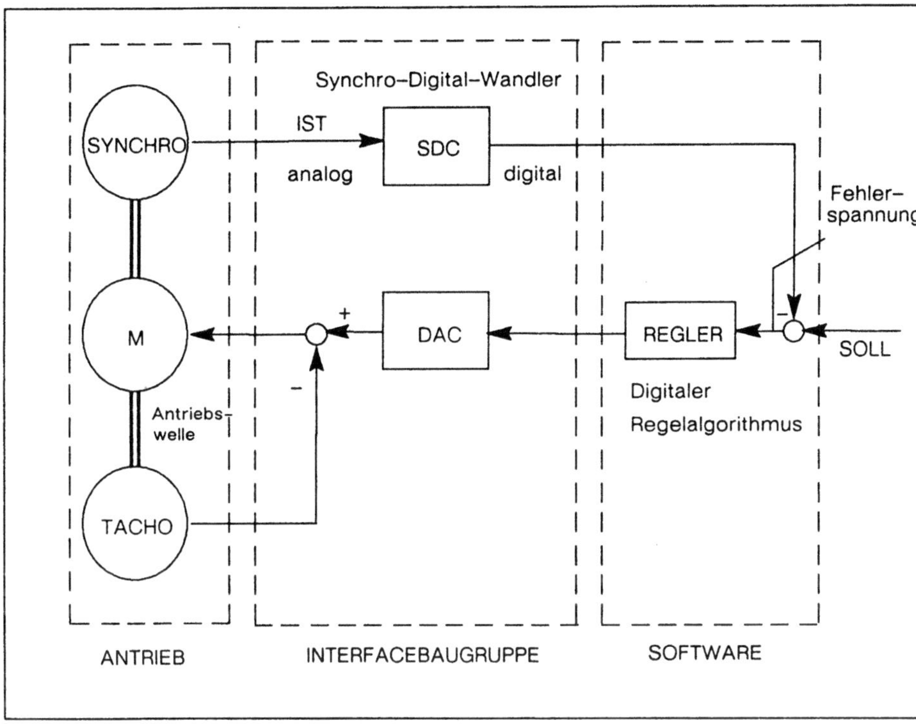

Bild 2.41 Blockschaltbild: Hardware–Software

Regelabweichung infolge LSB-Werte

Die Regelabweichung wird von den LSB Werten des SDC und des D/A-Wandlers beeinflußt. Des weiteren geht bei der Regelabweichung die Eigenschaft des Reglers ein.
Bei Verwendung eines P-Reglers und eines linearen Sollwertes berechnet sich die Regelabweichung nach folgender Gleichung.

$$\Delta_{Winkel} = LSB_{DAC} \cdot T_A + LSB_{SDC}$$

Bei einem Zeittakt von 20 ms kann demnach LSB_{DAC} größer als LSB_{SDC} gewählt werden, da $LSB_{DAC} \cdot T_A$ etwa gleich LSB_{SDC} sein soll. Die Wortlänge des DAC kann 4 Bit kürzer sein als die Wortlänge des SDC.

Regelabweichung allgemein

Bei einer Kettung von einer Größe und deren Ableitungen nach Bild 2.42 ergibt sich eine Gesamtregelabweichung nach folgender Gleichung.

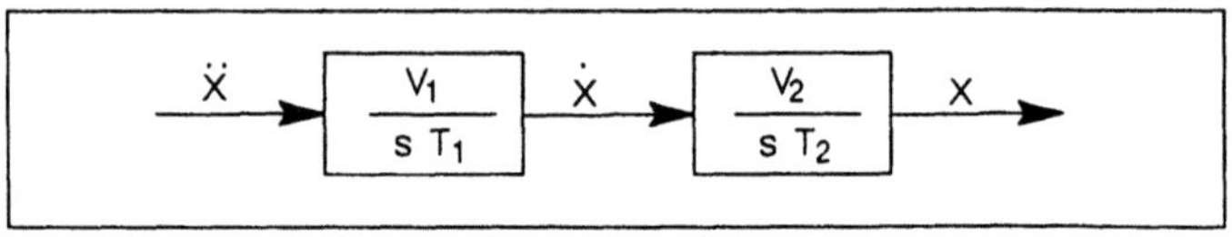

Bild 2.42 Übertragungskette $\ddot{X} - X$

$$\Delta X_Q = V_1 V_2 \, LSB_{\ddot{X}} \, T_0^2 + V_2 \, LSB_{\dot{X}} \, T_0 + LSB_X$$

ΔX_Q = Regelabweichung X_{gesamt} infolge der Quantisierung

T_A = Zeittakt

V_1, V_2 = Übertragungsfaktoren der Übertragungsfunktion

Die Gesamtregelabweichung setzt sich bei einem Folgesystem u.a. aus den LSB Werten von Ort, Geschwindigkeit und Beschleunigung gemäß obiger Gleichung zusammen.

Quantisierungs rauschen

Die Quantisierung der Amplituden hat ein Quantisierungsrauschen zufolge. Das Quantisierungsrauschen ist durch den Erwartungswert E, die Varianz s und den toten Bereich ΔX_Q gekennzeichnet.

Erwartungswert E des Quantisierungsrauschens

$$E = \begin{cases} 0 & \text{bei Rundung der Daten} \\ \frac{1}{2} \text{ LSB} & \text{bei Abschneiden} \end{cases}$$

Varianz σ des Quantisierungsrauschen

$\sigma = 0{,}288\ LSB$

Toter Bereich ΔX_Q

$$\Delta X_Q = V_1\ V_2\ LSB_{\dot{X}}\ T_A^2 + V_2\ LSB_{\dot{X}}\ T_A + LSB_X$$

Übungsaufgabe

Gegeben ist eine Strecke mit einem I-T_1 - Verhalten. Die Zeitkonstante beträgt 200 msec.

Für diese Strecke ist ein digitaler Regler zu entwerfen, wobei nachfolgende Punkte zu bearbeiten sind. Offene Forderungen hinsichtlich des Regelverhaltens sind festzulegen

- Blockschaltbild des Regelkreises
- Festlegung des Zeittaktes
- Vorfilterung
- Reglerauswahl
- Stabilitätsbetrachtung
- Einschwingverhalten
- Regelalgorithmus

3 z - Bereich

3.1 z–Transformation

Die Abtasung eines kontinuierlichen Signals mit dem Zeittakt T liefert die Impulsfolge $f^*(t)$.

$$f^*(t) = \sum_{k=0}^{\infty} f_k \, \delta(t - kT)$$

Die Anwendung der Laplace–Transformation auf $f^*(t)$ ergibt $F^*(s)$.

$$F^*(s) = \sum_{k=0}^{\infty} f_k \, e^{-kTs}$$

Mit dieser Abbildung der abgetasteten Folge in der Frequenzebene kann prinzipiell wie in der analogen Regelungstechnik gearbeitet werden. Die Rücktransformation des Terms e^{Ts} ist jedoch mit erhöhtem Rechenaufwand verbunden. Zur Rechenvereinfachung wird der Term e^{Ts} durch z substituiert.

$$F_z(z) := \left[F^*(s) \right] \underset{\substack{\uparrow \\ e^{Ts} = z}}{=} \sum_{k=0}^{\infty} f_k \, z^{-k}$$

Damit können wir die z–Transformation wie folgt definieren:

Definition

Als z–Transformation der Funktion f(t) versteht man eine Funktion $F_z(z)$, die aus der Laplace–Transformierten der zu f(t) gehörigen Impulsfolge $f^*(t)$ mit anschließender Substitution $z := e^{Ts}$ entstanden ist.

$$F_z(z) := \underset{\substack{\uparrow}}{\mathcal{L}} \left[f^*(t) \right] \qquad \text{mit} \quad z = e^{Ts}$$

Laplace–Transformation

$F_z(z)$ heißt auch z–Transformierte der zugehörigen abgetasteten Folge:

$$Z\left\{ f_k \right\} = F_z(z) = \sum_{k=0}^{\infty} f_k \, z^{-k}$$

Zusammenfassend werden die beiden Schritte der z-Transformation aufbauend auf die Beschreibung von abgetasteten Folgen aufgezeigt.

Definition über abgetastete Folgen

Schritt 1: Laplace-Transformation der Impulsfolge $f^*(t)$
Schritt 2: Substitution von e^{Ts} durch z.

$$f^*(t) = \sum_{k=0}^{\infty} f(k) \; \delta_0(t - kT)$$

Laplace

$$F^*(s) = \sum_{k=0}^{\infty} f(k) \; e^{-skT}$$

Substitution: $e^{Ts} = z$

$$F_z(z) = \sum_{k=0}^{\infty} f(k) \; z^{-k}$$

Bild 3.1 Übergang von der Zeitebene in die z-Ebene

Formale Definition

$$F_z(z) \equiv Z\left\{ f(k) \right\} := \sum_{k=0}^{\infty} f(k) \; z^{-k}$$

Beispiele

Zur Verdeutlichung der z-Transformation werden einige bekannte Funktionen von der Zeitebene in die z-Ebene transformiert. Für den ersten Schritt, die Laplace-Transformation, wird auf die übliche Laplace-Transformationstabelle zurückgegriffen.

δ – Impuls

Es wird ein um m Zeittakte verschobener δ-Impuls transformiert.

Laplace-Transformation und Substitution

$$f^*(t) = \delta(t - mT) \rightarrow F^*(s) = e^{-mTs} \rightarrow F(z) = z^{-m}$$

allgemein $\delta(t - mT)$ ○—● z^{-m}

speziell $\delta(t)$ ○—● 1

Einheitssprung $\sigma(t)$

Der Einheitssprung ist in der abgetasteten Form eine Folge von Impulsen σ_k

$$\sigma(t) = \begin{cases} 1 & \text{für } t \geq 0 \\ 0 & \text{für } t < 0 \end{cases} \qquad \sigma_k = (1,1,1,\ldots)$$

Die z-Transformierte der Impulsfolge ist somit die Summe der z-Transfomierten der um z = k verschobenen Impulse.

$$z\{\sigma_k\} = \sum_{k=0}^{\infty} z^{-k} \underset{\uparrow}{=} \frac{1}{1 - z^{-1}} = \frac{z}{z - 1}$$

geometrische Reihe

Allgemein gilt:

$$\sigma(t) \quad \circ\!\!-\!\!\bullet \quad \frac{z}{z - 1}$$

Nach der Umformung der geometrischen Reihe in $(1-z^{-1})^{-1}$ kann das Pol- und Nullstellen-Diagramm des z-Transformierten Einheitssprunges aufgezeichnet werden. Die Pol- und Nullstellen-Diagramme in der z-Ebene haben für Stabilitätsbetrachtungen eine ähnliche Bedeutung wie die Pol- und Nullstellendiagramme in der Frequenzebene. Die Pol- und Nullstellen des Einheitssprunges $\sigma(t)$ in der z - Ebene sind im Bild 3.2 dargestellt.

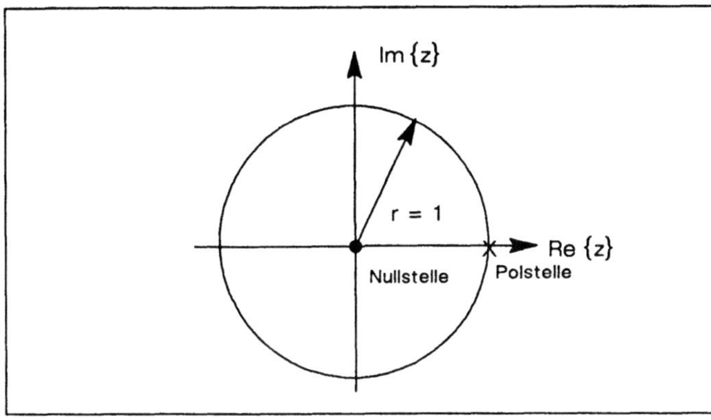

Bild 3.2 Pol- und Nullstellendiagramm des Einheitssprunges in der z-Ebene

Exponentialfunktion

Bei der z-Transformierten der Exponentialfunktion wird wie beim Einheitssprung vorgegangen. Die abgetastete Exponentialfunktion ist eine Folge von abklingenden Impulsen.

$$f(t) = e^{\alpha t} \quad \rightarrow \quad f(k) = e^{-\alpha kT}$$

Die z-Transformierte ist die Summe über die Impulsfolge f(k) jeweils multipliziert mit einem um k verschobenen Impuls, d. h. multipliziert mit z^{-k}.

$$F_z(z) = \sum_{k=0}^{\infty} e^{-\alpha kT} z^{-k} = \sum_{k=0}^{\infty} (e^{\alpha T} z^{-1})^k = \frac{1}{1 - e^{\alpha T} z^{-1}}$$

$$F_z(z) = \frac{1}{1 - e^{\alpha T} z^{-1}}$$

Allgemein gilt:

$$e^{\alpha t} \circ\!\!-\!\!\bullet \frac{z}{z - z_0} \quad \text{mit } z_0 = e^{\alpha T}$$

Cosinusfunktion

Zur z-Transformation von trigonometrischen Funktionen werden diese durch Exponentialfunktionen beschrieben und analog dem vorherigen Beispiel verfahren.

$$f(t) = \cos t \qquad \text{Realteil von } e^{jt}$$

$$f(t) = \frac{1}{2}\left(e^{jt} + e^{-jt}\right) \rightarrow f(k) = \frac{1}{2}\left(e^{jkT} + e^{-jkT}\right)$$

Die z-Transformation der Impulsfolge f(k) ist die Summe über f(k) multipliziert mit z^{-k}.

$$F_z(z) = \frac{1}{2} \sum_{k=0}^{\infty} \left(e^{jkT} + e^{-jkT}\right) z^{-k}$$

$$= \frac{1}{2} \sum_{k=0}^{\infty} e^{jkT} z^{-k} + \frac{1}{2} \sum_{k=0}^{\infty} e^{-jkT} z^{-k}$$

$$= \frac{1}{2} \left[\frac{1}{1 - e^{jT} z^{-1}} + \frac{1}{1 - e^{-jT} z^{-1}}\right]$$

$$F_z(z) = \frac{1}{2} \left[\frac{z}{z - e^{jT}} + \frac{z}{z - e^{-jT}}\right]$$

3.2 Rechenregeln der z-Transformation

Die Rechenregeln der z-Transformation sind durch entsprechende Substitutionen und Umformungen aus den Rechenregeln der Laplace-Transformation hergeleitet.

Linearitäts-eigenschaft

$$Z\{c_1 f_1(t) + c_2 f_2(t)\} = c_1 Z\{f_1(t)\} + c_2 Z\{f_2(t)\}$$

Herleitung:

$$Z\{c_1 f_1(t) + c_2 f_2(t)\} = \sum_{k=0}^{\infty} (c_1 f_{1k} + c_2 f_{2k}) z^{-k}$$

$$= c_1 \sum_{k=0}^{\infty} f_{1k} z^{-k} + c_2 \sum_{k=0}^{\infty} f_{2k} z^{-k}$$

$$= c_1 Z\{f_1(t)\} + c_2 Z\{f_2(t)\}$$

$$Z\{c_1 f_1(t) + c_2 f_2(t)\} = c_1 Z\{f_1(t)\} + c_2 Z\{f_2(t)\}$$

Verschiebungsregeln Verschiebungsregel nach rechts

$$f(t - mT) \quad \circ\!\!-\!\!\bullet \quad z^{-m} F_z(z)$$

$$f_{k-m} \quad \circ\!\!-\!\!\bullet \quad z^{-m} F_z(z)$$

Verschiebungsregel nach links

$$f(t + mT) \quad \circ\!\!-\!\!\bullet \quad z^m \left[F_z(z) - \sum_{r=0}^{m-1} f_r z^{-r} \right]$$

$$\text{bzw. } f_{k+m} \quad \circ\!\!-\!\!\bullet \quad z^m \left[F_z(z) - \sum_{r=0}^{m-1} f_r z^{-r} \right]$$

Dämpfungsregel

$$f(t)\, e^{\alpha t} \quad \circ\!\!-\!\!\bullet \quad F_z(e^{-\alpha kT} z)$$

$e^{\alpha t}$ Dämpfungsfaktor

Differenzbildungs- und Summations-regel

Differenzbildungsregel
Anwendung der"Verschiebungsregel nach rechts"

$$f(t) - f(t - T) \circ\!\!-\!\!\bullet \frac{z-1}{z} F_z(z) - f_{-1}$$

$$f_k - f_{k-1} \circ\!\!-\!\!\bullet \frac{z-1}{z} F_z(z) - f_{-1}$$

Differenzbildungsregel
Anwendung von "Verschiebungsregel nach links"

$$f(t + T) - f(t) \circ\!\!-\!\!\bullet (z - 1) F_z(z) - f_0 z$$

$$f_{k+1} - f_k \circ\!\!-\!\!\bullet (z - 1) F_z(z) - f_0 z$$

Summationsregel
Voraussetzung $f(t) = 0$ für $t < 0$

$$\sum_{k=0}^{\infty} f(t - rT) \circ\!\!-\!\!\bullet \frac{z}{z-1} F_z(z)$$

Differentiation nach z

$$k f_k \circ\!\!-\!\!\bullet -z\, F_z'(z)$$

Wobei $F_z'(z)$ die formale Ableitung nach z bedeutet, d.h. die gliedweise Differentiation nach z.

$$t\, f(t) \circ\!\!-\!\!\bullet -Tz\, F_z'(z)$$

Faltungsregel

Für beliebige Zeitfunktionen f(t), g(t) gilt im allgemeinen folgende Beziehung.

$$Z\{f(t) * g(t)\} \neq Z\{f(t)\}\; Z\{g(t)\}$$

Sonderfall:
Ist im Faltungsprodukt zweier Funktionen mindestens eine der beiden eine δ-Impulsfolge, so ist die z-Transformierte des Faltungsprodukts gleich dem Produkt der z-Transformierten der beiden Funktionen. Wegen der Bedeutsamkeit der Faltungsregel soll deren Beweis kurz skizziert werden.

Es sei $g^*(t)$ eine Impulsfolge und f(t) eine beliebige Zeitfunktion, dann gilt:

$$g^*(t) = \sum_{r=0}^{\infty} g_r \, \delta(t - rT)$$

Faltung von f(t) mit $g^*(t)$

$$f(t) * g^*(t) = f(t) * \sum_{r=0}^{\infty} g_r \, \delta(t - rT) =$$

$$= \sum_{r=0}^{\infty} g_r \left(f(t) * \delta(t - rT)\right)$$

$$f(t) * g^*(t) = \sum_{r=0}^{\infty} g_r \, f(t - rT)$$

z–Transformation des Faltungsproduktes

$$Z\{f(t) * g^*(t)\} = Z\{\sum_{r=0}^{\infty} g_r \, f(t - rT)\}$$

$$= \sum_{k=0}^{\infty} \left(\sum_{r=0}^{\infty} g_r \, f(kT - rT)\right) z^{-k}$$

$$= \sum_{r=0}^{\infty} \sum_{k=0}^{\infty} g_r \, f(kT - rT) \, z^{-k}$$

$$= \sum_{r=0}^{\infty} \sum_{\mu=-r}^{\infty} g_r \, f(\mu T) \, z^{-(\mu + r)}$$

mit $\mu = k-r$

$$= \sum_{r=0}^{\infty} \sum_{\mu=0}^{\infty} g_r \, f(\mu T) \, z^{-(\mu + r)}$$

mit $f(\mu T) = 0$
für $\mu < 0$

$$= \left(\sum_{r=0}^{\infty} g_r \, z^{-r} \right) \left(\sum_{\mu=0}^{\infty} f_{\mu} \, z^{-\mu} \right)$$

$$\downarrow \qquad\qquad \downarrow$$

$$Z\{g^*(t)\} \qquad\qquad Z\{f(t)\}$$

$$Z\{f(t) * g^*(t)\} = Z\{g(t)\}\, Z\{f(t)\}$$

Grenzwertsätze

Anfangswertsatz der z-Transformation

$$\lim_{z \to \infty} F_z(z) = f_0$$

Endwertsatz der z-Transformation

Ist $\lim_{k \to \infty} f_k$ endlich, so gilt:

$$\lim_{k \to \infty} f_k = \lim_{z \to 1} (z - 1)\, F_z(z)$$

3.3 Inverse z-Transformation

Bei der Untersuchung von Abtastsystemen steht man häufig vor der Aufgabe aus der z-Transformierten den zugehörigen zeitlichen Ablauf zu bestimmen.

Reihenentwicklung

Gegeben: $F_z(z)$
Gesucht: $f_z = f(kT)$ bzw. $f(t)$
Die Übertragungsfunktion in der z-Ebene wird in Form einer Laurentreihe entwickelt. Die Koeffizienten der Laurentreihe sind gleich $f_z = f(kT)$.

$$F_z(z) = Z\{f(kT)\} = \underbrace{\sum_{k=0}^{\infty} f(kT)\, z^{-k}}_{\text{Laurentreihe}}$$

Allgemein lassen sich die Koeffizienten der Laurentreihe nach dem Resuidiensatz bestimmen.

$$f_k = f(kT) = \frac{1}{2\pi j} \oint_R F_z(z)\, z^{k-1}\, dz$$

Das Kurvenintegral ist dabei über den Kreis R um z = 0 zu erstrecken, dessen Radius so groß ist, daß alle Singularitäten von $F_z(z)$ innerhalb des Kreises liegen.

Beispiele

Beispiel 1

Gegeben: $F_z(z) = \frac{z}{z - z_0}$

Gesucht: f_k

$$F_z(z) = \frac{1}{1 - \frac{z_0}{z}} = \sum_{k=0}^{\infty} \left(\frac{z_0}{z}\right)^k = \sum_{k=0}^{\infty} z_0^k \, z^{-k} = \sum_{k=0}^{\infty} f_k \, z^{-k}$$

↑ geometrische Reihe für $|z| > |z_0|$

$f_k = z_0^k$

$$f_k = z_0^k$$

Beispiel 2

Gegeben: $F_z(z) = \frac{z^2}{z^2 - 1}$

Gesucht: f_k

$$F_z(z) = \frac{z^2}{z^2 - 1} = \frac{1}{1 - z^{-2}} = \sum_{k=0}^{\infty} z^{-2k}$$

↑ geometrische Reihe

$$F_z(z) = 1 + 0\,z^{-1} + 1\,z^{-2} + 0\,z^{-3} + 1\,z^{-4} + \ldots$$

$$f_k = \begin{cases} 0 & \text{falls } k \text{ ungerade} \\ 1 & \text{falls } k = 0 \\ 1 & \text{falls } k > 0 \text{ gerade} \end{cases}$$

Partialbruch-zerlegung

Die Inversion einer allgemeinen z-Transformierten $F_z(z) = A_z/B_z$ kann mit Hilfe einer Partialbruchzerlegung in einer Summe über Laurentreihen dargestellt werden. Die weitere Bearbeitung geschieht analog der oben gezeigten Verfahren der Reihenentwicklung.

$$F_z(z) = \frac{\sum_{\mu=1}^{m} (z - z_{0\mu})}{\sum_{\gamma=1}^{n} (z - z_{\infty\gamma})} \, b_m \qquad \text{mit } n \geq m$$

Partialbruchzerlegung

$$F_z(z) = R_\infty + \sum_{\gamma=1}^{n} R_\gamma \frac{1}{1 - z_{\infty\gamma}}$$

Reihenentwicklung und Summation

$$f(kT) = R_\infty \, \delta(kT) + \sum_{\gamma=1}^{n} R_\gamma \, z_{\infty\gamma}^{k-1} \, \delta(kT)$$

Beispiel

Gegeben: $F_z(z) = \dfrac{z^2}{z^2 - 1}$

Gesucht: f_k

Die Koeffizienten f_k lassen sich bei diesem F_z (z) sehr vorteilhaft über die Laurentreihe bestimmen. Im Sinne einer möglichen Gegenüberstellung beider Wege wird hier die Partialbruchzerlegung gewählt.

$$F_z(z) = \frac{z^2}{(z-1)(z+1)} = 1 + \frac{1}{2}\,\frac{1}{z-1} - \frac{1}{2}\,\frac{1}{z+1}$$

$$f_k = \delta(k) + \frac{1}{2}\, 1^{k-1} \delta(k) - \frac{1}{2}\, (-1)^{k-1} \delta(k)$$

Funktionen, die Pole bei z = 0 besitzen

$$F_z(z) = \frac{b_n z^n + b_{n-1} z^{n-1} + b_{n-2} z^{n-2} + ... + b_0 z^0}{z^n}$$

$$F_z(z) = b_n + z^{-1} b_{n-1} + z^{-2} b_{n-2} + ... + z^{-n} b_0$$

$$f_k = \begin{cases} 0 & \text{für } k < 0 \\ b_{n-k} & \text{für } 0 \leq k \leq n \end{cases}$$

Bei dieser Funktion handelt es sich um eine Fensterfunktion, denn es werden immer nur eine bestimmte Anzahl von Werten gewichtet. Das Verhalten der Fensterfunktion ist das eines nicht-rekursiven Filters.

Beispiel

$$F_z(z) = \frac{z^5 - 1}{z^4 (z - 1)} = \frac{z^4 + z^3 + z^2 + z^1 + 1}{z^4}$$

$$F_z(z) = 1 + z^{-1} + z^{-2} + z^{-3} + z^{-4}$$

$$f_k = \{ 1, 1, 1, 1, 1, 0, 0, 0, ... \}$$

Die Funktion wichtet die letzten fünf Werte mit 1 und berücksichtigt die anderen nicht.

3.4 Transformationstabelle der z-Transformation

Korrespondenzen der z-Transformierten
Bedingung: $f(t) = 0$ für $t < 0$

	F(s)	f(t)	$F_z(z)$
1	$\frac{1}{s}$	1	$\frac{z}{z-1}$
2	$\frac{1}{s^2}$	t	$\frac{Tz}{(z-1)^2}$
3	$\frac{2!}{s^3}$	t^2	$T^2 z \frac{z+1}{(z-1)^3}$
4	$\frac{3!}{s^4}$	t^3	$T^3 z \frac{z^2+4z+1}{(z-1)^4}$
5	$\frac{n!}{s^{n+1}}$	t^n, $n = 1, 2, \ldots$	$T^n z \frac{z^{n-1} + \ldots}{(z-1)^{n+1}}$
6	$\frac{1}{s-\alpha}$ α beliebig komplex	$e^{\alpha t}$	$\frac{z}{z-e^{\alpha T}}$
7	$\frac{\omega}{s^2+\omega^2}$	$\sin \omega t$	$z \frac{\sin \omega T}{z^2 - 2z \cos \omega T + 1}$
8	$\frac{s}{s^2+\omega^2}$	$\cos \omega t$	$z \frac{z - \cos \omega T}{z^2 - 2z \cos \omega T + 1}$
9	$\frac{s \sin\phi + \omega \cos\phi}{s^2+\omega^2}$	$\sin(\omega t + \phi)$	$z \frac{z \sin\phi + \sin(\omega T - \phi)}{z^2 - 2z \cos \omega T + 1}$
10	$\frac{\omega}{(s-\alpha)^2+\omega^2}$	$e^{\alpha t} \sin \omega t$	$z \frac{e^{\alpha T} \sin \omega T}{z^2 - 2z e^{\alpha T} \cos \omega T + e^{\alpha T}}$

Bild 3.3 Korrespondenzen der z-Transformierten

	F(s)	f(t)	$F_z(z)$
11	$\frac{s-\alpha}{(s-\alpha)^2+\omega^2}$	$e^{\alpha t}\cos\omega t$	$z\,\frac{e^{\alpha T}\cos\omega T}{z^2-2ze^{\alpha T}\cos\omega T+e^{2\alpha T}}$
12	$\frac{(s-\alpha)\sin\phi+\omega\cos\phi}{(s-\alpha)^2+\omega^2}$	$e^{\alpha t}\sin(\omega t+\phi)$	$z\,\frac{z\sin\phi+e^{\alpha T}\sin(\omega T-\phi)}{z^2-2ze^{\alpha T}\cos\omega T+e^{2\alpha T}}$
13	$\frac{1}{(s-\alpha)^2}$	$t\,e^{\alpha t}$	$\frac{Tze^{\alpha T}}{(z-e^{\alpha T})^3}$
14	$\frac{1}{(s-\alpha)^3}$	$\frac{1}{2!}t^2e^{\alpha t}$	$\frac{1}{2}T^2e^{\alpha T}z\,\frac{z+e^{\alpha T}}{(z-e^{\alpha T})^3}$
15	$\frac{1}{(s-\alpha)^4}$	$\frac{1}{3!}t^3e^{\alpha t}$	$\frac{1}{6}T^3e^{\alpha T}z\,\frac{z^2+4ze^{\alpha T}+e^{2\alpha T}}{(z-e^{\alpha T})^4}$
16	$\frac{n!}{(s-\alpha)^{n+1}}$	$t^ne^{\alpha t}$ $n = 1, 2, \ldots$	$\frac{\partial^n}{\partial\alpha^n}\left(\frac{z}{z-e^{\alpha T}}\right)=$ $=T^n z e^{\alpha T}z\,\frac{z^{n+1}+\ldots}{(z-e^{\alpha T})^{n+1}}$
17	$\frac{2\omega s}{(s^2+\omega^2)^2}$	$t\sin\omega t$	$Tz\,\frac{(z^2-1)\sin\omega T}{(z^2-2z\cos\omega T+1)^2}$
18	$\frac{s^2-\omega^2}{(s^2+\omega^2)^2}$	$t\cos\omega t$	$Tz\,\frac{(z^2-1)\cos\omega T-2z}{(z^2-2z\cos\omega T+1)^2}$
19	$\frac{2\omega s\cos\phi+(s^2-\omega^2)\sin\phi}{(s^2+\omega^2)^2}$	$t\sin(\omega t+\phi)$	$Tz\,\frac{z^2\sin(\omega T+\phi)-2z\sin\phi\sin(\omega T-\phi)}{(z^2-2z\cos\omega T+1)^2}$
20	$\frac{1}{s-\frac{1}{T}\ln a}$, $a\neq 0$	$e^{\frac{t}{T}\ln a}=a^{\frac{t}{T}}$	$\frac{z}{z-a}$

Bild 3.3 Korrespondenzen der z–Transformierten

	F(s)	f(t)	$F_z(z)$
21		$\binom{\frac{t}{T}}{n-1}$ $n = 1, 2, \ldots$	$\frac{z}{(z-1)^n}$
22		$\frac{e^{\frac{t}{T}\ln\beta}}{\beta^{n-1}} \binom{\frac{t}{T}}{n-1}$	$\frac{z}{(z-\beta)^n}$, $\beta \neq 0, n = 1, 2, \ldots$
23	e^{-mTs} , $m = 0, 1, \ldots$	$\delta\,(t - mT)$	z^{-m}
24	$\frac{b_0 + b_1 e^{-Ts} + \ldots + b_m e^{-mTs}}{a_0 + a_1 e^{-Ts} + \ldots + a_n e^{-nTs}}$		$\frac{b_0 + b_1 z^{-1} + \ldots + b_m z^{-m}}{a_0 + a_1 z^{-1} + \ldots + a_n z^{-n}}$ $a_0 \neq 0$
25		$(-1)^{\frac{t}{T}}$	$\frac{z}{z+1}$
26		$\frac{t}{T}\,\beta^{\frac{t}{T}-1}$	$\frac{z}{(z-\beta)^2}$

Bild 3.3 Korrespondenzen der z–Transformierten

4 Zeitdiskrete Beschreibung linearer Systeme

In diesem Kapitel wird nach der Erläuterung einiger Grundbegriffe auf die Impulsantwort und die Übertragungsfunktion im z-Bereich eingegangen. Desweiteren wird die Beschreibung digitaler Systeme im Zeitbereich mit Differenzengleichungen erläutert. Das Kapitel wird mit den Zustandsgleichungen digitaler Systeme abgeschlossen.

4.1 Grundbegriffe linearer Systeme

Die Linearität eines Systems ist gegeben, wenn die Superposition anwendbar ist.

Superpositionsgesetz und Verstärkungsgesetz

$$S\{c_1u_1(k) + c_2u_2(k)\} = c_1S\{u_1(k)\} + c_2S\{u_2(k)\}$$

Linearität

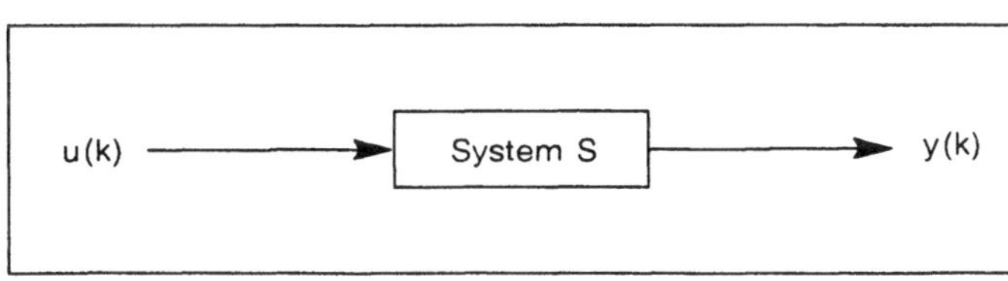

Bild 4.1 Allgemeines lineares System

y(k) ist die Anwendung des Systems S auf u(k), d.h. $y(k) = S\{u(k)\}$

Zeitinvarianz

Ein System S heißt zeitinvariant, wenn sich das Übertragungsverhalten mit der Zeit nicht ändert. Die Zeitinvarianz ist gegeben, wenn gilt:

Aus $u_1(k) = u(k - K)$ folgt: $S\{u_1(k)\} = y(k - K)$

Beispiele

Die lineare Differentialgleichung mit konstanten Koeffizienten stellt ein zeitinvariantes System dar:

$$\sum_{i=0}^{n} a_i \frac{d^i y}{dt^i} = \sum_{i=0}^{m} b_i \frac{d^i u}{dt^i}$$

mit a_i, b_i konstant

Das durch folgende Differentialgleichung beschriebene System ist zeitlich nicht invariant, da der Koeffizient von der 2.ten Ableitung zeitlich nicht konstant ist.

$$t^2 \frac{d^2 y(t)}{d t^2} + y(t) = u(t)$$

Bei zeitinvarianten Systemen hat eine Vertauschung der Reihenfolge eines Verzögerungsgliedes und Restsystemes S' auf das Gesamtverhalten keinen Einfluß.

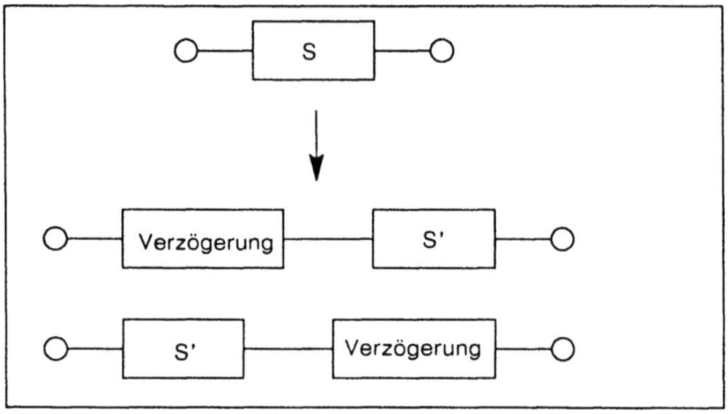

Bild 4.2 Zeitinvariantes System

Kausalität

Kausalität ist gegeben, wenn der Ausgang nur von den vergangenen und gegenwärtigen Eingangsgrößen abhängt.

Ein kausales System kann nicht vorhersagen, wie sein zukünftiger Eingang aussehen wird.

Stabilität

Das System heißt stabil, wenn für jede beschränkte Eingangsfolge auch die Ausgangsfolge beschränkt ist. Die Stabilitätsdefinition **B**ounded **I**nput - **B**ounded **O**utput wird in der einschlägigen Literatur mit BIBO abgekürzt.

Gilt
$$|u(k)| \leq M_1 < \infty$$

dann folgt
$$|S\{u(k)\}| \leq M_2 < \infty$$

Zuordnung einer Wertefolge zu u (k)

Die Zuordnung von 0 und 1 Werten zu einer Impulsfolge wird wie folgt geschrieben

$$u(k) = \{u(0), u(1), u(2), \ldots\}$$

Die Werte der Impulse werden ab k = 0 aufsteigend in einer geschweiften Klammer, jeweils getrennt durch ein Komma, aufgelistet.

Faltung im Zeitdiskreten

Die Addition der gefalteten Einzelimpulse u(m) mit dem Diracimpuls $\delta_0(k-m)$ ergibt den Impuls u(k) der Impulsfolge u(k). Das Resultat der nachfolgenden Summe ist ein Impuls, genau der k-te Impuls der Impulsfolge u(k).

$$u(k) = \sum_{m=-\infty}^{\infty} u(m)\ \delta_0(k-m)$$

Faltung im Kontinuierlichen

Die Faltung im Kontinuierlichen wird durch Anwendung des Faltungsintegrals ausgeführt. Durch die Faltung mit dem Diracimpuls $\delta(t - \tau)$ wird von der Funktion u der Funktionswert u an der Stelle $\tau = t$ bestimmt.

Faltungsintegral

$$u(t) = \int_{-\infty}^{\infty} u(\tau)\ \delta(t-\tau)\ d\tau$$

4.2 Impuls- und Sprungantwort

Ein System kann in seinem Übertragungsverhalten durch die Impulsantwort oder durch die Sprungantwort beschrieben werden. Die Antworten des Systems werden mit g(k) für den Impuls und h(k) für den Sprung bezeichnet.

Impulsantwort
Sprungantwort

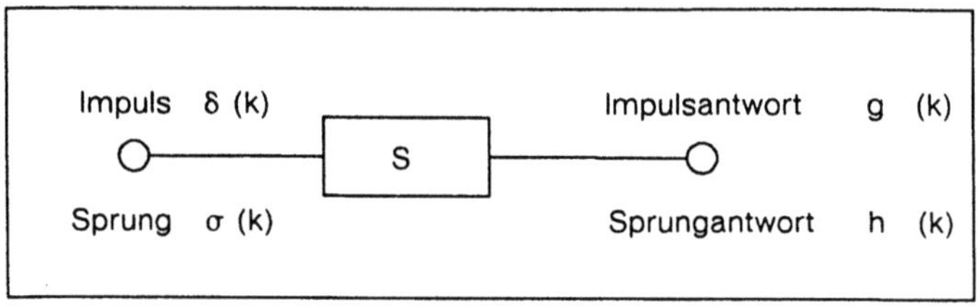

Bild 4.3 Impulsantwort / Sprungantwort

$$g\ (k) = S\{\delta\ (k)\}$$

$$h\ (k) = S\{\sigma\ (k)\}$$

Die Ausgangsfolge des Systems wird durch die Anwendung des Systems S auf die Eingangsfolge erzeugt.

Impuls

Der Impuls im Diskreten ist bereits unter 4.1 beschrieben.

$$\delta\ (k) = \begin{cases} 1 & k = 0 \\ 0 & k \neq 0 \end{cases}$$

Sprung

Die Impulsfolge des Sprunges im Diskreten ist die Summe über Diracimpulse δ von 0 bis unendlich.

$$\sigma\ (k) = \begin{cases} \sum_{m=1}^{\infty} \delta\ (k - m) & \text{für } k \geq 0 \\ 0 & \text{für } k < 0 \end{cases}$$

Antwort des Systems auf u(k)

Im folgenden wird die Antwort eines Systems auf eine allgemeine Eingangsfolge u(k) hergeleitet. Die allgemeine Eingangsfolge u(k) wird in 4.1 aus der Faltung der Impulsfolge mit dem Diracimpuls angesetzt.

$$u(k) = \sum_{m=-\infty}^{\infty} u\ (m)\ \delta\ (k - m)$$

Die Ausgangsimpulsfolge ergibt sich nun aus der Anwendung des Systems S auf die Faltungssumme.

$$y(k) = S\{u(k)\} = \sum_{m=-\infty}^{\infty} u(m)\, S\{\delta(k-m)\}$$

$$y(k) = \sum_{m=-\infty}^{\infty} u(m)\, g(k-m)$$

$$y(k) = u(k) * g(k)$$

Die Ausgangsimpulsfolge y(k) ergibt sich aus der Faltung der Eingangsfolge u(k) mit der Impulsantwort g(k).

$$y(k) = u(k) * g(k)$$

$$y(k) = \sum_{m=-\infty}^{\infty} u(m)\, g(k-m)$$

Die Gleichung läßt sich wegen der Zeitinvarianz des Systems umformen in die Faltung aus $u(k-m_i)$ und g(k).

$$y(k) = \sum_{m=-\infty}^{\infty} u(k-m)\, g(k)$$

$$y(k) = g(k) * u(k)$$

Beispiele

Die Anwendung dieser Beziehungen wird in den Beispielen geübt und die Bedeutung der Diracimpulse und Signalimpulsfolgen mit den entsprechenden Antwortimpulsfolgen im Zusammenhang mit der Faltung im Diskreten weiter vertieft.

Beispiel 1

Gegeben ist die Eingangsimpulsfolge u(k) und die Impulsantwort g(k).

Gesucht ist die Antwort y(k) des Systems.

$$u(k) = \{ 1, \; 1, \; 0, \; 0, \; 0, \; \ldots \}$$

$$g(k) = \{ 1, \; 1, \; 1, \; 1, \; 0, \; 0, \; 0, \; \ldots \}$$

Die Impulsantwort ist eine Folge von vier aufeinander folgenden Impulsen, d. h. ein Eingangsimpuls hat vier Impulse am Ausgang zur Folge, wobei der erste Ausgangsimpuls ohne Zeitverzögerung erscheint.
Die Antwort des Systems auf die Eingangsfolge u(k) ist die Faltung aus u(k) und g(k).
Da u(m) nur für m > 0 existiert, läuft die Summe von m=0 bis unendlich.

$$y(k) = \sum_{m=0}^{\infty} u(m) \; g(k-m)$$

Desweiteren ist u(m) nur für m gleich 0 und 1 ungleich 0, so daß die Summe von 0 bis unendlich nur aus den Gliedern für m = 0 und 1 besteht.

$$y(k) = u(0) \cdot g(k-0) + u(1) \cdot g(k-1) = 1 \cdot g(k) + 1 \cdot g(k-1)$$

In diese Beziehung wird g(k) für k = 0, 1, 2 usw. eingesetzt.

$k = 0$:

$$y(0) = 1 \cdot g(0) + 1 \cdot g(-1) \qquad = 1 \cdot 1 + 1 \cdot 0 = 1$$

$k = 1$:

$$y(1) = u(0) \cdot g(1) + u(1) \cdot g(0) \qquad = 1 \cdot 1 + 1 \cdot 1 = 2$$

$k = 2$:

$$y(2) = u(0) \cdot g(2) + u(1) \cdot g(1) \qquad = 1 \cdot 1 + 1 \cdot 1 = 2$$

$k = 3$:

$$y(3) = u(0) \cdot g(3) + u(1) \cdot g(2) \qquad = 1 \cdot 1 + 1 \cdot 1 = 2$$

$k = 4$:

$$y(4) = u(0) \cdot g(4) + u(1) \cdot g(3) \qquad = 1 \cdot 0 + 1 \cdot 1 = 1$$

$k = 5$:

$$y(5) = u(0) \cdot g(5) + u(1) \cdot g(4) = 1 \cdot 0 + 1 \cdot 0 = 0$$

Die Impulsantwort y(k) des Systems ist eine Trapezfunktion.

$$y(k) = \{1, 2, 2, 2, 1, 0, 0, ...\}$$

Beispiel 2

Gegeben ist die Eingangsimpulsfolge u(k) und die Impulsantwort g(k).

Gesucht ist die Antwort y(k) des Systems.

$$u(k) = \{1, 2, 3, 4, 3, 2, 1, 0, 0, ...\}$$

$$g(k) = \{1, -1, 0, 0, ...\}$$

Die Berechnung erfolgt analog dem Beispiel 1.

$$y(k) = u(k) * g(k)$$

$$y(k) = \sum_{m=-\infty}^{\infty} u(m) \; g(k-m)$$

Da u(k) nur für k = 0 bis 5 ungleich 0 ist, besteht die Faltungssumme aus sechs Gliedern.

$$\begin{aligned} y(k) = \; & u(0) \cdot g(k-0) + u(1) \cdot g(k-1) + u(2) \cdot g(k-2) \\ + \; & u(3) \cdot g(k-3) + u(4) \cdot g(k-4) + u(5) \cdot g(k-5) \end{aligned}$$

Mit g(0) = 1 und g(1) = −1 wird y(k) für laufendes k bestimmt

$$y(k) = \{ 1, 1, 1, 1, -1, -1, -1, -1, 0, 0, ...\}$$

Das System hat eine differenzierende Wirkung. Durch die Inpulsantwort g(k) wird die erste Ableitung der Eingangsfolge u(k) gebildet.

Zusammenstellung u(k), y(k), g(k) von Beispiel 2

Die Impulsfolgen y(k), u(k) und g(k) werden zur Übersicht zusammengestellt.

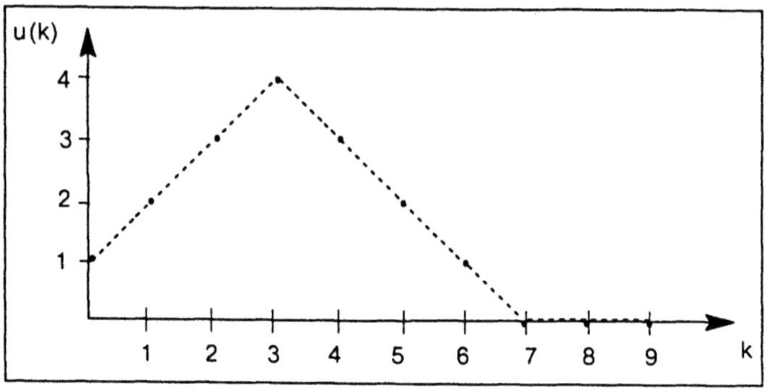

Bild 4.4 Eingangsimpulsfolge u(k)

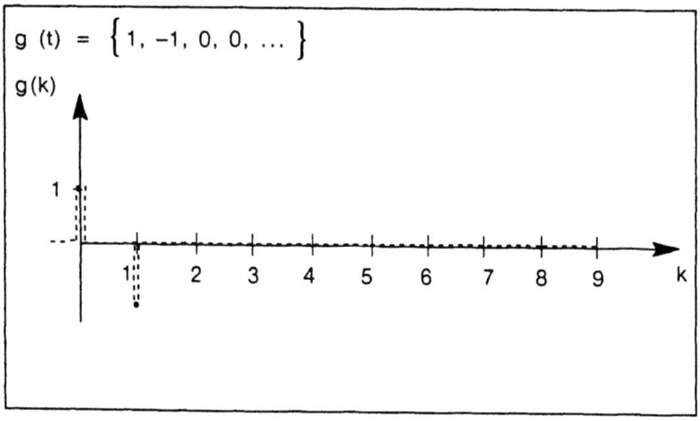

Bild 4.5 Impulsantwort g(k)

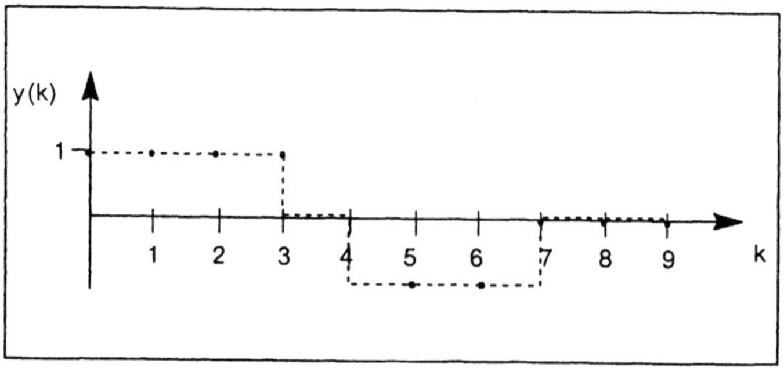

Bild 4.6 Systemantwort y(k)

4.3 Übertragungsfunktion

In diesem Kapitel wird aufbauend auf die in Kapitel 4.2 abgeleiteten Beziehungen die diskrete Übertragungsfunktion eines Systems hergeleitet.

Die Ausgangsimpulsfolge y(k) wird nach 4.2 durch Faltung der Eingangsimpulsfolge u(k) mit der Impulsantwort g(k) gebildet. Wegen der Kausalität wird die Faltungssumme ab m=0 berechnet.

$$y(k) = u_0(k) * g(k)$$

$$y(k) = \sum_{m=0}^{\infty} u(m)\, g(k-m)$$

z-Transformation von y(k)

Auf die Ausgangsimpulsfolge y(k) wird nun die z-Transformation angewendet. Das Resultat ist die Summe über die Einzelimpulse y(k), jeweils multipliziert mit z^{-k}. Die Multiplikation mit z^{-k} bildet die Verschiebung der Impulse y(k) ab.

$$Z\{\, y(k)\} = Y_z(z) = \sum_{k=0}^{\infty} y(k)\, z^{-k}$$

In die obige Beziehung wird für y(k) die Faltungssumme über u(m) und g(k-m) eingesetzt. Damit ergibt sich eine Doppelsumme über m und k. Nach einer Erweiterung mit z^{+m} und z^{-m} werden die von k unabhängigen Glieder aus der Summe über k herausgezogen.

$$Y(z) = \sum_{m=0}^{\infty} \sum_{k=0}^{\infty} u(m)\; g(k-m)\; z^{-k}$$

$$= \sum_{m=0}^{\infty} \sum_{k=0}^{\infty} u(m)\; g(k-m)\; z^{-k}\, z^{-m}\, z^{+m}$$

$$= \sum_{m=0}^{\infty} u(m)\; z^{-m} \sum_{k=0}^{\infty} g(k-m)\; z^{-(k-m)}$$

z-Transformation von u(k)

Analog der z-Transformierten Y(z) von y(k) ist die Summe über m die z-Transformierte U(z) der Eingangsimpulsfolge u(k)

$$\sum_{m=0}^{\infty} u(m)\, z^{-m} = Z\{u(m)\} = U(z)$$

z-Transformation von g(k)

Die Summe über g und z mit dem Laufindex k kann gemäß folgender Beziehung umgeformt werden, da g für negative Argumente identisch null ist.

$$\sum_{k=0}^{\infty} g(k-m)\, z^{-(k-m)} = \sum_{l=0}^{\infty} g(l)\, z^{-l} = G(z)$$

Die Summe über l ist wiederum die z-Transformierte G(z) der Impulsantwort g(k).

Werden die beiden zuletzt abgeleiteten Beziehungen U(z) und G(z) in die Gleichung Y(z) eingesetzt, so wird der Zusammenhang zwischen Eingangsfunktion und Ausgangsfunktion im z-Bereich deutlich.

$$Y(z) = U(z)\; G(z)$$

Übertragungsfunktion G(z)

Die Übertragungsfunktion eines Systems im z-Bereich ist der Quotient aus der z-Transformierten der Ausgangsimpulsfolge y(k) und der Eingangsimpulsfolge u(k).

$$G(z) = \frac{Y(z)}{U(z)} = \frac{\sum_{k=0}^{\infty} y(k)\, z^{-k}}{\sum_{m=0}^{\infty} g(z)\, z^{-m}} = \sum_{l=0}^{\infty} g(l)\, z^{-l}$$

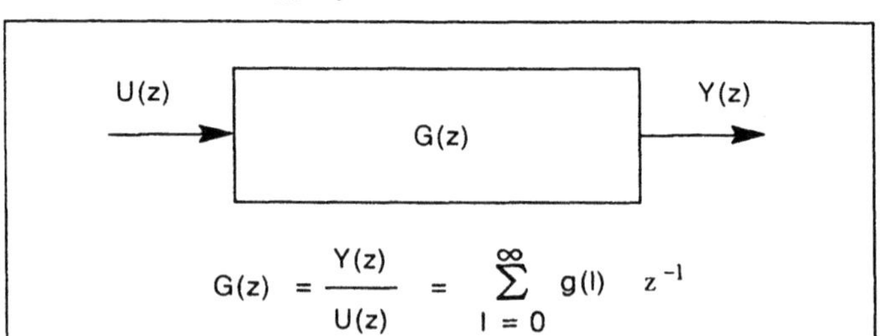

Bild 4.7 z-Übertragungsfunktion

Die Übertragungsfunktion eines Systems in der z-Ebene wird mit G(z) bezeichnet.

Beispiele

In den Beispielen wird jeweils die Impulsantwort g(k) des Systems z-transformiert. Das Resultat ist die Übertragungsfunktion G(z) des Systems in der z-Ebene.

Beispiel 1

Gegeben: Impulsantwort $g(k) = \{1, -1, 0, 0, \ldots\}$

Gesucht: Übertragungsfunktion des Systems in der z-Ebene

Die Übertragungsfunktion G(z) ist die z-Transformierte von g(k).

$$G(z) = Z\{g(k)\} = 1 - z^{-1} + 0z^{-2} + 0z^{-3} + \ldots$$

$$G(z) = \frac{z-1}{z}$$

Beispiel 2

Gegeben: Impulsantwort $g(k) = \{1, 1, 1, 1, 0, 0, \ldots\}$

Gesucht: Übertragungsfunktion des Systems in der z-Ebene

$$G(z) = Z\{g(k)\} = 1 + z^{-1} + z^{-2} + z^{-3} + 0 + 0 + \ldots$$

$$G(z) = \frac{z^3 + z^2 + z^1 + 1}{z^3}$$

Beispiel 3

Gegeben: Impulsantwort $g(k) = z_0^k \, \sigma(k)$

Gesucht: Übertragungsfunktion des Systems in der z-Ebene

$$G(z) = Z\{g(k)\}$$

$$G(z) = \frac{z}{z - z_0}$$

4.4 Frequenzgang

Zur Bestimmung des Frequenzganges wird in der Übertragungsfunktion G(z) z durch $e^{j\omega T}$ ersetzt, wobei T der Zeittakt des digitalen Systems ist. Durch diese Substitution erhält man eine Funktion in der komplexen Ebene.

Frequenzgang

$$G(z) = G e^{j\omega T} = G_R + jG_I = |G(\omega)| \, e^{j\,\phi(\omega)}$$

$$G(j\omega) = |G(\omega)| \, e^{j\,\phi(\omega)}$$

Wird G_R und G_I in der komplexen Ebene mit G_R als Realteil auf der realen Achse und G_I als Imaginärteil auf der imaginären Achse in Abhängigkeit von ω aufgetragen, so entsteht die graphische Darstellung des Frequenzganges $G(e^{j\omega T})$. Für Stabilitätsuntersuchungen werden der Amplitudengang $|G(\omega)|$ und der Phasengang $\phi(\omega)$ getrennt aufgetragen.

Amplitudengang

Der Amplitudengang ist der Betrag des Freuenzganges $G(e^{j\omega T})$. Er berechnet sich aus dem Realteil und dem Imaginärteil von $G(j\omega)$ oder aus dem Produkt von $G(j\omega)$ und $G(-j\omega)$.

$|G(\omega)|$ = Amplitudengang

$$|G(\omega)| = \sqrt{G_R^2 + G_I^2}$$

$$|G(\omega)| = \sqrt{G(j\omega)G(-j\omega)}$$

Phasengang

Der Phasengang $\phi(\omega)$ wird mit Hilfe des arctan bestimmt. Bei der Berechnung ist besonders auf die Mehrdeutigkeit der Funktion arctan zu achten.

$$\phi(\omega) = \arctan \frac{G_I}{G_R}$$

Gruppenlaufzeit

Die Gruppenlaufzeit ist ein Maß für die Abhängigkeit des Phasenganges von Frequenzänderungen.

$$T_g(\omega) = \frac{d\phi(\omega)}{d\omega}$$

Beispiel

Frequenzgang $G(j\omega)$

$$G(z) = \frac{1}{z + c_0}$$

$$G(e^{j\omega T}) = \frac{1}{e^{j\omega T} + c_0}$$

$$= \frac{1}{\cos\omega + j\sin\omega + c_0}$$

Amplitudengang $|G(\omega)|$

$$|G(e^{j\omega T})| = \frac{1}{\sqrt{c_0^2 + 2c_0\cos\omega T + 1}}$$

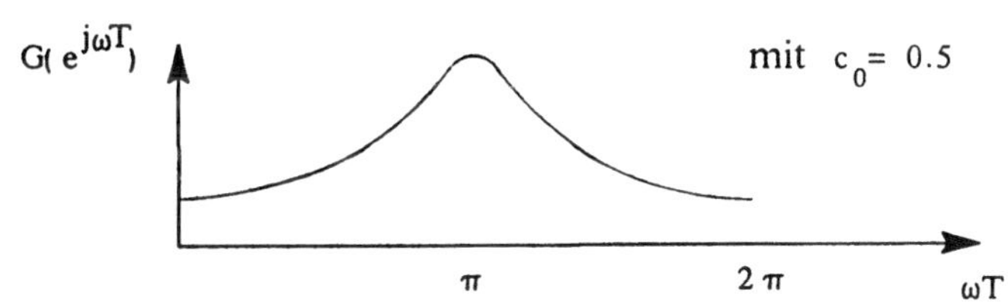

Phasengang $\phi(\omega)$

$$\phi(\omega) = \arctan\frac{\sin\omega T}{c_0 + \cos\omega T} \pm \pi$$

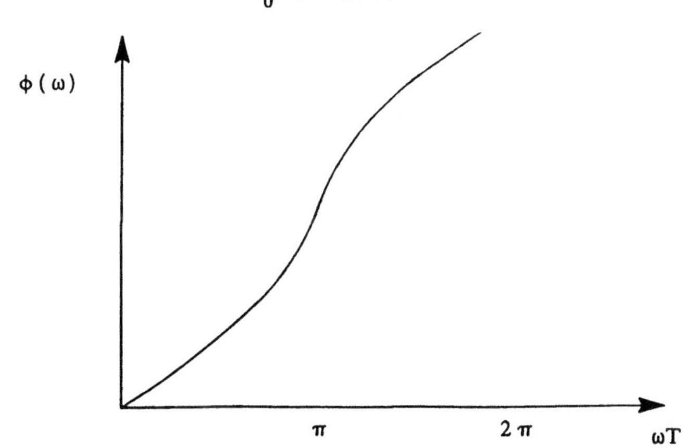

Gruppenlaufzeit: $\tau_g(\omega)$

$$\tau_g(\omega) = \frac{d\,\phi(\omega)}{d\,\omega}$$

Stabilitätskriterien in der z-Ebene Die z-Ebene kann durch eine konforme Abbildung auf die s-Ebene abgebildet werden. Wegen der konformen Abbildbarkeit können auch Stabilitätskriterien aus der s-Ebene direkt in die z-Ebene transformiert werden.

Konforme Abbildung z-Ebene - s-Ebene Bei der Abbildung der z-Ebene auf die s-Ebene wird das Innere des Einheitskreises der z-Ebene auf die linke s-Halbebene transformiert. Die restliche z-Ebene wird auf die rechte s-Halbebene abgebildet.

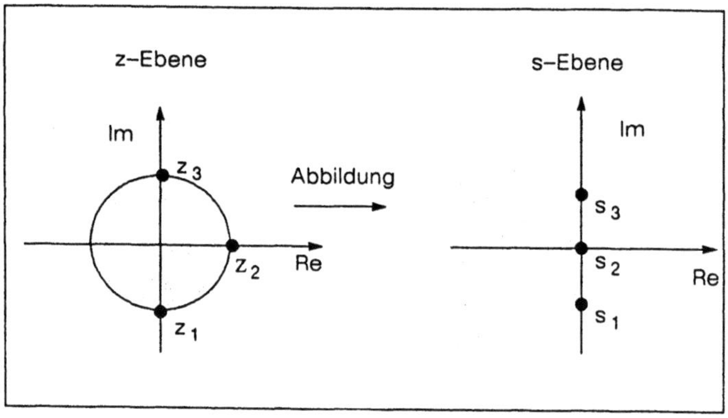

Bild 4.8 Abbildung der z-Ebene auf die s-Ebene

Abbildungsvorschrift z-Ebene - s-Ebene Die Abbildung wird durch eine bilineare Transformation geleistet.

$$s = \frac{az + b}{z + c}$$

Die Parameter a, b, c werden durch Zuordnung von Punkten aus der s- und der z-Ebene bestimmt.

Zuordnung:

$z_1 = -j$ $\quad s_1 = -j$

$z_2 = 1$ $\quad s_2 = 0$

$z_3 = j$ $\quad s_3 = j$

Aus den Zuordnungen und der Abbildungsvorschrift leiten sich drei Bestimmungsgleichungen für a, b und c ab.

$$s_v = \frac{a z_v + b}{z_v + c} \qquad \text{für} \quad v \in \{1, 2, 3\}$$

Die Auflösung der Gleichungen liefert die Werte für a, b und c.

$$a = 1$$

$$b = -1$$

$$c = 1$$

Somit lautet die Abbildungsvorschrift von der z-Ebene in die s-Ebene:

$$s = \frac{z - 1}{z + 1}$$

Umkehrung der Abbildungsvorschrift Die Umkehrung der Abbildungsvorschrift von der s-Ebene in die z-Ebene läßt sich auch direkt durch die Inversion nachfolgender Gleichung erreichen.

$$z = e^{sT}$$

Umkehrung

$$\ln z = \ln e^{sT}$$

$$sT = \ln z$$

$$s = \frac{1}{T} \left(\frac{1 - z}{1 + z} + \dots \right)$$

Bei der Reihenentwicklung des ln wird nur das erste Glied berücksichtigt.

$$s = \frac{1}{T} \; \frac{1 - z}{1 + z}$$

4.5 Differenzengleichung

Das zeitliche Verhalten eines Systems kann durch die Notation der Eingangs- und Ausgangssignale über eine Zeitspanne hinweg beschrieben werden. Diese Notation wird als Differenzengleichung bezeichnet. Die Differenzengleichung kann für diskrete Systeme auch durch Diskretisierung aus der Differentialgleichung gewonnen werden.

In der folgenden Gleichung sind für Ein- und Ausgang jeweils drei um T versetzte Signale notiert. Die Eingangssignale sind mit u(t) und die Ausgangssignale mit y(t) bezeichnet.

Differenzengleichung

$$c_0\, y(t-2T) + c_1\, y(t-T) + c_2\, y(t) =$$
$$b_2\, u(t) + b_1\, u(t-T) + b_0\, u(t-2T)$$

Allgemein gilt folgende Beziehung:

$$\sum_{g=0}^{n} c_\gamma\, y(k-\gamma) = \sum_{\mu=0}^{m} b_\mu\, u(k-\mu)$$

Im Diskreten werden die Zeitpunkte der Ein- und Ausgangssignale mit k gekennzeichnet.

$$c_2\, y(k) + c_1 y(k-1) + c_0\, y(k-2) =$$
$$b_2\, u(k) + b_1\, u(k-1) + b_0\, u(k-2)$$

Die Anwendung der z-Transformation auf die Differenzengleichung liefert den Zusammenhang zwischen Eingang und Ausgang des Systems in der z-Ebene und damit die z-Übertragungsfunktion.

$$c_0\, z^{-2}\, Y_z(z) + c_1\, z^{-1}\, Y_z(z) + c_2 Y_z(z) =$$
$$= b_2 U_z(z) + b_1\, z^{-1}\, U_z(z) + b_0\, z^{-2}\, U_z(z)$$

Übertragungsfunktion

$$G(z) = \frac{Y_z(z)}{U_z(z)}$$

$$G(z) = \frac{b_2 z^2 + b_1 z^1 + b_0}{z^2 + c_1 z^1 + c_0}$$

Beispiele

Beispiel 1

Übertragungsfunktion

$$G(z) = \frac{z - 1}{z}$$

Differenzengleichung

$$y(k) = u(k) - u(k - 1)$$

Anwendung der Verschiebungssätze

$$y(k + 1) = u(k + 1) - u(k)$$

Beispiel 2

$$G(z) = \frac{z}{z - z_0}$$

$$y(k) = u(k) + z_0 \, y(k - 1)$$

Beispiel 3

$$G(z) = \frac{z}{z - 1} \, P$$

Die Übertragungsfunktion G(z) repräsentiert einen PI-Regler.

$$y(k) = y(k-1) + P \, e(k)$$

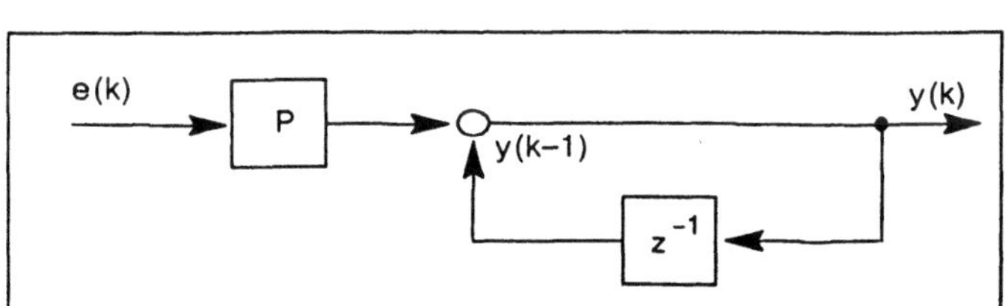

Bild 4.9 Signalflußplan

4.6 Zustandsgleichung

Regelungstechnische Systeme werden im Zustandsraum in Form von Zustandsgleichungen dargestellt.

Systembeschreibung In allgemeiner Form kann ein regelungstechnisches System in vier funktionale Blöcke zergliedert werden. Der Zusammenhang zwischen Ausgangszustand und Eingangszustand kann durch einen rekursiven und einen nichtrekursiven Block gebildet werden. Der rekursive Funktionsblock wird in die Unterblöcke Vorverarbeitung, Rekursionsschleife und Nachbearbeitung aufgeteilt.

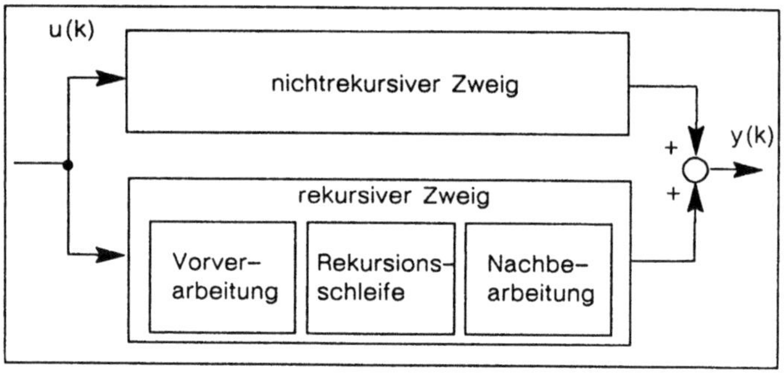

Bild 4.10 Funktionale Aufteilung eines regelungstechnischen Systems

Der nichtrekursive Zweig bildet eine direkte Verbindung zwischen Ein- und Ausgang und wird durch eine Matrix **D**, der Durchgangsmatrix, beschrieben. Im rekursiven Zweig wird die Vorverarbeitung mit der Eingangsmatrix **B** und die Nachbearbeitung mit der Ausgangsmatrix **C** beschrieben. Die Rekursionsschleife ist ein rückgekoppeltes System gemäß Bild 4.11. In der Rückkopplung befindet sich die Matrix **A**, die auch Systemmatrix genannt wird.

Insgesamt ergibt sich die in Bild 4.11 allgemeine grafische Darstellung eines regelungstechnischen Systems.

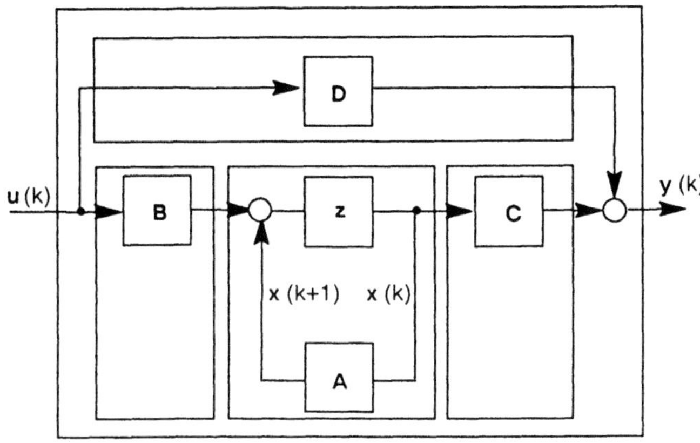

Bild 4.11 Systemzustandsdiagramm

Matrizen

Das Verhalten des Systems wird mit den Matrizen **A**, **B**, **C** und **D** beschrieben. Matrizen werden in diesem Buch mit fettgedruckten Großbuchstaben gekennzeichnet.

A - Systemmatrix
B - Eingangsmatrix
C - Ausgangsmatrix
D - Durchgangsmatrix

Die Systemmatrix ist eine n×n Matrix. Die Durchgangsmatrix **D** ist nur bei sprungfähigen Systemen vorhanden.

Systemgrößen

Zur Beschreibung des Systems gehören neben dem Systemverhalten, das in den Matrizen niedergelegt ist, Systemvariablen, die den Zustand des Systems beschreiben. Hierbei wird zwischen Eingangsvektor **u**(k), Ausgangsvektor **y**(k) und Zustandsvektor **x**(k) unterschieden. Für die Systemzustände wird die vektorielle Schreibweise gewählt. Die Vektoren werden mit fettgedruckten Kleinbuchstaben gekennzeichnet.

u(k) - Eingangsvektor
x(k) - Zustandsvektor
y(k) - Ausgangsvektor

Die Dimension des Zustandsvektors **x**(k) legt die Anzahl (n) der Spalten bzw. Zeilen der Systemmatrix fest.

Die Systemzustände **x**(k) beschreiben den inneren Zustand des Systems. Auf die Wahl der Systemzustände wird später in einem Beispiel eingegangen.

Aus dem Zustandsdiagramm lassen sich auf einfache Weise die Zustandsgleichungen ablesen. Zur Formulierung der Gleichungen "stellt" man sich jeweils an den Punkt mit dem Signalvektor **x**(k) oder **y**(k) im Zustandsdiagramm Bild 4.11 und addiert die eingehenden Zustandsgrößen, jeweils unter Berücksichtigung des letzten Bearbeitungsschritts.

Zustandsgleichung

Die Zustandsgleichung wird in Bild 4.11 an der Stelle **x**(k+1) formuliert. Der Systemzustand **x**(k+1) setzt sich aus dem vorherigen Zustand **x**(k), multipliziert mit der Systemmatrix **A** und dem Eingangsvektor **u**(k), multipliziert mit der Eingangsmatrix **B**, zusammen.

$$\mathbf{x}(k+1) = \mathbf{A}\,\mathbf{x}(k) + \mathbf{B}\,\mathbf{u}(k)$$

Ausgangsgleichung

Da die Formulierung der Ausgangsgleichung aus der grafischen Darstellung Bild 4.11 transparenter ist, wird der Zusammenhang für **y**(k) notiert. Der Ausgangszustand **y**(k) ist die Addition aus dem Eingangszustand multipliziert mit der Durchgangsmatrix **D** und dem Systemzustand **x**(k) multipliziert mit der Ausgangsmatrix **C**.

$$\mathbf{y}(k) = \mathbf{C}\,\mathbf{x}(k) + \mathbf{D}\,\mathbf{u}(k)$$

Zusammenfassung

Ein allgemeines regelungstechnisches System wird im Zustandsraum durch die Vektordifferenzengleichung und die Ausgangsgleichung beschrieben.

$$\mathbf{x}(k+1) = \mathbf{A}\,\mathbf{x}(k) + \mathbf{B}\,\mathbf{u}(k)$$
$$\mathbf{y}(k) = \mathbf{C}\,\mathbf{x}(k) + \mathbf{D}\,\mathbf{u}(k)$$

Die graphische Darstellung der Systemzusammenhänge in Bild 4.11 ist inhaltlich der mathematischen Beschreibung von **x**(k) und **y**(k) gleichzusetzen.

Im folgenden wird die praktische Anwendung der Zustandsraummethode anhand eines einfachen Beispiels mit einer Eingangs- und einer Ausgangsgröße gezeigt.

Beispiel

Aus der z-Übertragungsfunktion eines Systems wird die Zustandsgleichung und die Ausgangsgleichung, d. h. die Beschreibung des Systems durch Systemzustände im Zeitbereich, abgeleitet.

Übertragungsfuntion

Da die Übertragungsfunktion G(z) gleich dem Quotienten aus Systemausgang in der z-Ebene Y(z) und Systemeingang in der z-Ebene U(z) ist, läßt sich in einfacher Weise die Differenzengleichung angeben.

$$G(z) = \frac{z^2 - z}{z^2 - 2z + 5} = \frac{Y(z)}{U(z)}$$

Differenzengleichung $y(k) - 2y(k-1) + 5y(k-2) = u(k) - u(k-1)$

Zur weiteren Bearbeitung wird die Differenzengleichung so umgeformt, daß auf der linken Seite der Gleichung nur der Ausgangsgröße y(k) erscheint. Auf der rechten Seite der Gleichung wird mit Blick auf die Ausgangsgleichung ein Block gebildet, der nur von u(k) abhängt. Die Vergangenheitswerte werden in einem zweiten Block zusammengefaßt.

$$y(k) = u(k) + [2y(k-1) - 5y(k-2) - u(k-1)] = u(k) + x_1(k)$$

Zustandsgröße x_1

Die Größen in der eckigen Klammer werden in der allgemeinen Form der Ausgangsgleichung $x_1(k)$ zugeordnet und in obige Gleichung y(k) eingesetzt.

$$x_1(k) = 2y(k-1) - 5y(k-2) - u(k-1)$$

$$x_1(k) = y(k) - u(k)$$

Auswahl der Zustandsgrößen

Da in der Beziehung für $x_1(k)$ Größen aus den Zeittakten k-1 und k-2 auftreten, ist zur Beschreibung des Systems eine weitere, d. h. eine zweite Zustandsgröße, erforderlich. Dies wäre bereits an den Potenzen der z-Übertragungsfunktion erkennbar gewesen. Die höchste Potenz von z in der z-Übertragungsfunktion gibt die notwendige Anzahl von Systemzustandsgrößen zur Beschreibung an.

Ausgangsgleichung Die Ausgangsgleichung des Systems lautet:

$$y(k) = \begin{bmatrix} 1 & 0 \end{bmatrix} \begin{bmatrix} x_1(k) \\ x_2(k) \end{bmatrix} + u(k)$$

$$y(k) = \mathbf{C}\, \mathbf{x}(k) + \mathbf{D}\, \mathbf{u}(k)$$

Zustandsgröße x_2 Zur Bestimmung der Zustandsgröße x_2 wird die Zustandsgleichung mit den bislang unbestimmten Größen α, β, γ, δ, λ und ϕ angesetzt.

$$\mathbf{x}(k+1) = \mathbf{A}\, \mathbf{x}(k) + \mathbf{B}\, \mathbf{u}(k)$$

$$\begin{bmatrix} x_1(k+1) \\ x_2(k+1) \end{bmatrix} = \begin{bmatrix} \alpha & \beta \\ \gamma & \delta \end{bmatrix} + \begin{bmatrix} x_1(k) \\ x_2(k) \end{bmatrix} + \begin{bmatrix} \lambda \\ \phi \end{bmatrix} u(k)$$

$$x_1(k+1) = \alpha\, x_1(k) + \beta\, x_2(k) + \lambda\, u(k)$$

mit

$$x_1(k+1) = 2y(k) - 5y(k-1) - u(k)$$

$$x_1(k) = y(k) - u(k)$$

Die beiden letzten Beziehungen werden in $x_1(k+1)$ eingesetzt.

$$2y(k) - 5y(k-1) - u(k) = \alpha\, (y(k) - u(k)) + \beta\, x_2(k) + \lambda\, u(k)$$

Nun werden die Größen β und λ so gewählt, daß $x_2(k)$ nur aus Werten vom Zeittakt k-1 bestehen. Folglich ist $\alpha = 2$ und $\lambda = 1$ zu wählen.

$$\beta\, x_2(k) = -5y(k-1)$$

Der Parameter β kann zu 1 gewählt werden:

$$x_2(k) = -\, 5y(k-1)$$

Zur vollständigen Formulierung der Zustandsgleichungen werden noch γ, δ und ϕ berechnet.

$$x_2(k+1) = \gamma\, x_1(k) + \delta\, x_2(k) + \phi\, u(k)$$

mit

$x_2(k+1) \quad = \quad -5y(k)$

$x_1(k) \quad = \quad y(k) - u(k) = 2y(k) - 5y(k-1) - u(k)$

$x_2(k) \quad = \quad -5y(k-1)$

Die Beziehung in $x_2(k+1) = \gamma\, x_1(k) + \ldots$ eingesetzt liefert die Bestimmungsgleichungen für γ, δ, und ϕ.

$$-5y(k) = \gamma[2y(k) - 5y(k-1) - u(k)] + \delta[-5y(k-1)] + \phi\, u(k)$$

Mit $\gamma = \delta = \phi = -2{,}5$ wird die Zustandsgleichung für $x_2(k+1)$ erfüllt.

Zusammenfassung Zusammenfassend werden die wesentlichen Beziehungen des Beispiels aufgelistet.

Übertragungsfunktion

$$G(z) = \frac{z^2 - z}{z^2 - 2z + 5}$$

Zustandsgleichungen

$$x(k+1) = \mathbf{A}\; x(k) + \mathbf{B}\; u(k)$$

$$\begin{bmatrix} x_1(k+1) \\ x_2(k+1) \end{bmatrix} = \begin{bmatrix} 2 & 1 \\ -2{,}5 & -2.5 \end{bmatrix} \begin{bmatrix} x_1(k) \\ x_2(k) \end{bmatrix} + \begin{bmatrix} 1 \\ -2{,}5 \end{bmatrix} u(k)$$

Ausgangsgleichung

$$y(k) = \mathbf{c}^T x(k) + d\; u(k)$$

$$y(k) = \begin{bmatrix} 1 & 0 \end{bmatrix} \begin{bmatrix} x_1(k) \\ x_2(k) \end{bmatrix} + u(k)$$

Zustandsgrößen x_1, x_2

$x_1(k) \quad = \quad 2y(k-1) - 5y(k-2) - u(k-1)$

$x_2(k) \quad = \quad -5y(k-1)$

Systemmatrix A

$$A = \begin{bmatrix} 2 & 1 \\ -2,5 & -2.5 \end{bmatrix}$$

Eingangsmatrix B bzw. Eingangsvektor b

$$B = \begin{bmatrix} 1 \\ -2,5 \end{bmatrix}$$

Durchgangsmatrix D bzw. Durchgriff d

$d = 1$

Ausgangsmatrix C bzw. $\mathbf{c}^T$

$C = [\ 1\ 0\ ]$

5 Abbildung klassischer Regler durch Algorithmen

Häufig werden bei der Digitalisierung von analogen Systemen Teilaufgaben der Regelschleifen von Digitalrechnern übernommen. Die Einstellung der Parameter des zeitkontinuierlichen Reglers soll auch bei der Digitalisierung weiterverwendet werden. Für die Umsetzung des analogen Kreises in einen teilweise digitalen Kreis sind im wesentlichen folgende Arbeitsschritte notwendig.

Schnittstelle analog / digital

In Abhängigkeit von Systemüberlegungen, Hardwareentwurf, Softwareentwurf und Kosten-Nutzen-Analyse ist die Schnittstelle zwischen analogen und digitalen Systemkomponenten festzulegen.

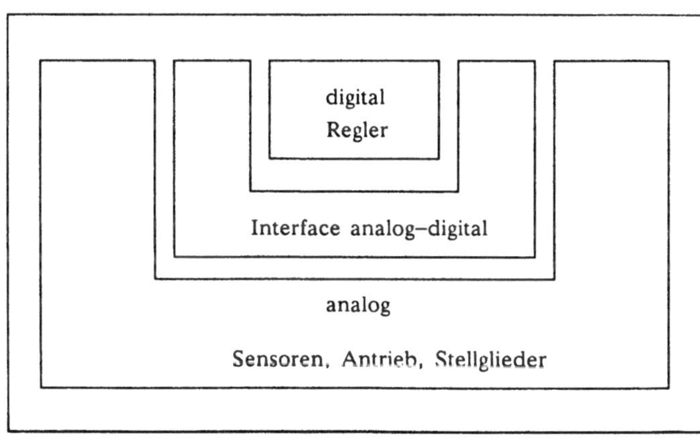

Bild 5.1 Schnittstellenspezifikation

Die Schnittstelle zwischen analogen und digitalen Systemkomponenten ist häufig deckungsgleich mit der Realisierung der Funktionen in Hardware und Software.

Erfahrungsgemäß ist es in der Praxis nicht immer vorteilhaft, die Schnittstelle von einem Hardware- oder Softwareentwickler festlegen zu lassen. Vielmehr wird empfohlen, die Spezifikation der Schnittstelle von einer Person bearbeiten zu lassen, die sowohl die Hardware- als auch die Softwareprobleme in die Schnittstellenfindung einbezieht.

Festlegung des Zeittakts

Bei der Spezifikation der Schnittstelle ist der Zeittakt für die digitale Bearbeitung festzulegen. Die Kriterien sind in Kapitel 2 beschrieben.

Auflösung der A/D und D/A Wandler

In Abhängigkeit von der vom System geforderten Gesamtgenauigkeit ist die Wortlänge der analog/digitalen bzw. der digital/analogen Wandlung festzulegen. Die Berechnung der Steuerspannung durch einen Digitalrechner ist bei Einsatz von Arithmetikprozessoren hinsichtlich der Genauigkeit unkritisch. Die berechneten Größen bzw. Zwischengrößen müssen jedoch gegen Null und unendlich mit Grenzwerten abgefangen werden.

Signalverarbeitung

Vor der Abtastung ist gemäß Kapitel 2 eine Vorfilterung mit einem Anti-Aliasing Filter notwendig. Die Steuerspannung ist wegen der Periodizität diskreter Folgen in der Bandbreite zu begrenzen.

5.1 Herleitung der Regelalgorithmen

Gleichung des analogen PID-Reglers

Der PID-Regler setzt sich aus einem proportionalen Anteil, einem integralen Anteil und einem differentialen Anteil zusammen.

$$u(t) = K_R \left[e(t) + \frac{1}{T_I} \int_0^t e(\tau)\, d\tau + T_D \frac{de(t)}{dt} \right] \quad \text{mit}$$

$u(t)$	Stellgröße
$e(t)$	Reglerdifferenz aus Führungsgröße und Istwert
K_R	Verstärkungsfaktor
T_I	Integrationskonstante
T_D	Differentiationskonstante

Die Regler P, PI, PD ergeben sich aus dem PID-Regler durch Weglassen der entsprechenden Anteile.

Übergang analog-digital

Beim Übergang vom Kontinuierlichen zum Diskreten wird die Integration durch eine Summe ersetzt. Die Integration im Kontinuierlichen geht damit in eine Rechteckintegration über. Sie hat sich auch bei größerem Zeittakt in der Praxis als ausreichend erwiesen. Eine Trapezintegration, wie verschiedentlich vorgeschlagen, scheint nicht notwendig zu sein.

$$\int_0^t e(\tau)\, d\tau \longrightarrow \sum_{v=0}^{k-1} e(v)\, T$$

mit $e(v) = e(vT)$ und $t = (m-1)\, T$

Die Differentiation wird durch einen Differenzenquotienten ersetzt.

$$\left.\frac{d}{d\tau}\right|_{\tau = t} e(\tau) \longrightarrow \frac{e(k) - e(k-1)}{T}$$

Digitaler nichtrekursiver PID-Algorithmus

Der sich ergebende Algorithmus des digitalen PID-Reglers ist nicht rekursiv.

$$u(k) = K_R\left[e(k) + \frac{T}{T_I} \sum_{v=0}^{k-1} e(v) + \frac{T_D}{T} [e(k) - e(k-1)]\right]$$

Dieser nicht rekursive Stellungsalgorithmus des PID-Reglers ist wegen des großen Speicherbedarfs von $\Sigma e(n)$ in der Praxis ungeeignet. Im Übergang in die rekursive Form des Algorithmus werden die Steuergrößen u(k) und u(k–1) voneinander subtrahiert.

$$u(k) - u(k-1) =$$

$$= K_R\left[e(k) - e(k-1) + \frac{T}{T_I} \left(\sum_{i=0}^{k-1} e(i) - \sum_{i=0}^{k-2} e(i) \right) + \right.$$

$$\left. + \frac{T_D}{T} [(e(k) - e(k-1)) - e(k-1) + e(k-2)]\right]$$

Digitaler rekursiver PID-Algorithmus

Nach einer Zusammenfassung der einzelnen Terme ergibt sich der rekursive Geschwindigkeits-Algorithmus des PID-Reglers. Die Größe u(k) setzt sich aus u(k–1) und den letzten drei Ablagen e(k) mit den Gewichten g_0, g_1, g_2 zusammen. In praktischen Realisierungen wird der D-Anteil mit einer Verzögerung beaufschlagt.

Zur Berücksichtigung der Verzögerung im D-Anteil werden die Dämpfungs- und die Differenzbildungsregeln (siehe Anhang 3) angewandt.

$$\frac{e(k) - e(k-1)}{T} \; e^{-\alpha T} = \frac{1}{T} \; e(z)\,(1 - z^{-1})\; e^{-\alpha kT} z$$

$$= \frac{1}{T} \; e(z)\,(z - 1)\; e^{-\alpha kT}$$

$$\Rightarrow \quad \frac{T_D}{T} \left(e(k+1) - e(k) \right) e^{-\alpha kT}$$

Die Differenz e(k) - e(k - 1) in der obigen Gleichung u(k) geht somit in folgende Beziehung über:

$$\frac{T_D}{T} \left(e(k) - e(k-1) \right) e^{-\alpha kT}$$

$$u(k) = u(k-1) + g_0 e(k) + g_1 e(k-1) + g_2 e(k-2)$$

$$u(k) = u(k-1) + \Delta\, u(k, k-1, k-2)$$

mit
$$g_0 = K_R \left(1 + \frac{T_D}{T} \right)$$

$$g_1 = - K_R \left(1 + \frac{2T_D}{T} - \frac{T}{T_I} \right)$$

$$g_2 = K_R \frac{T_D}{T}$$

Die Größen K_R, T_I, T_D werden nach den bekannten Kriterien der analogen Regelungstechnik bestimmt.

Transformation in die z-Ebene

Der Algorithmus wird nach Kapitel 3 in die z-Ebene transformiert. In einer anschaulichen Sicht wird eine Verschiebung einer Größe durch z^{-1} abgebildet. Angewandt auf u(k-1) bedeutet dies $U(z) \cdot z^{-1}$.

$$U(z) = U(z)\, z^{-1} + e(z) \left[g_0 + g_1 z^{-1} + g_2 z^{-2} \right]$$

$$U(z)\,(1 - z^{-1}) = e(z) \left[g_0 + g_1 z^{-1} + g_2 z^{-2} \right]$$

Übertragungsfunktion des PID Reglers im z-Bereich

Die Übertragungsfunktion G(z) ist nach Kapitel 4 gleich dem Quotienten aus U(z) und e(z).

$$G_R(z) = \frac{U(z)}{e(z)} = \frac{g_0 + g_1 z^{-1} + g_2 z^{-2}}{1 - z^{-1}}$$

Der PID-Regler besitzt in der z-Ebene bei z = 1 eine Polstelle. Sie wird durch den I-Anteil hervorgerufen.

5.2 Algorithmen der Standardregler der analogen Regelungstechnik

Die Algorithmen und die Übertragungsfunktion der Standardregler der analogen Regelungstechnik sind in der nachfolgenden Tabelle zusammengestellt. Die Algorithmen leiten sich analog dem PID-Regler aus der kontinuierlichen Regelungstechnik ab.

Regler	Übertragungsfunktion	Algorithmus
P - Regler	$G_R(z) = g_0$	$u(k) = K_R e(k)$
PD - Regler	$G_R(z) = g_0 - g_2 z^{-2}$	$u(k) = g_0 e(k) - g_2 e(k-2)$
I-Regler (nicht stabil!)	$G_R(z) = \frac{g_1 z^{-1}}{1 - z^{-1}}$	$u(k) = u(k-1) + g_1 e(k-1)$
PI - Regler	$G_R(z) = \frac{g_0 + g_1 z^{-1}}{1 - z^{-1}}$	$u(k) = u(k-1) + g_0 e(k) + g_1 e(k-1)$
PID - Regler	$G_R(z) = \frac{g_0 + g_1 z^{-1} + g_2 z^{-2}}{1 - z^{-1}}$	$u(k) = u(k-1) + g_0 e(k) + g_1 e(k-1) + g_2 e(k-2)$

Bild 5.2 Algorithmen klassischer Regler

$$g_0 = K_R\left(1 + \frac{T_D}{T}\right)$$

$$g_1 = -K_R\left(1 + \frac{2T_D}{T} - \frac{T}{T_I}\right)$$

$$g_2 = K_R \frac{T_D}{T}$$

Die Einstellregeln für die Faktoren K_R, T_D, T_I sind in der nachfolgenden Tabelle angegeben. Der Faktor K_{krit} wurde bei einem Schwingungsversuch an der Stabilitätsgrenze festgelegt.

Einstellregeln für die Regelparameter K_R, T/T_I, T_D/T.
Regelalgorithmus PID-Regler

	Nach Übergangsfunktion			Nach Schwingungsversuch		
	K_R	$\frac{T}{T_I}$	$\frac{T_D}{T}$	K_R	$\frac{T}{T_I}$	$\frac{T_D}{T}$
P	$\frac{T_G}{T_u + T}$	—	—	$\frac{K_{krit}}{2}$	—	—
PI	$\frac{0{,}9\,T_G}{T_u + T/2} - \frac{0{,}135\,T_G T}{(T_u + T/2)^2}$	$\frac{0{,}27\,T_G T}{K\,(T_u + T/2)^2}$	—	$[\,0{,}45\,K_{krit} \;\ldots\; 0{,}27\,K_{krit}\,]\frac{T}{T_P}$ verkleinerte Werte, falls $T \approx 4\,T_u$	$0{,}54\,\frac{K_{krit}}{K_R}\,\frac{T}{T_P}$	—
PID	$\frac{1{,}2\,T_G}{T_u + T} - \frac{0{,}3\,T_G T}{(T_u + T/2)^2}$	$\frac{0{,}6\,T_G T}{K_R\,(T_u + T/2)^2}$	$\frac{0{,}5}{K_R}\,\frac{T_G}{T}$	$[\,0{,}6\;K_{krit} \;\ldots\; 0{,}6\;K_{krit}\,]\frac{T}{T_P}$	$1{,}2\,\frac{K_{krit}}{K_R}\,\frac{T}{T_P}$	$\frac{3}{40}\,\frac{K_{krit}}{K_R}\,\frac{T_P}{T}$
	wobei $T_g / T_u > 3$			Gültigkeitsbereich: $T \leq 2\,T_u$ Nicht empfehlenswert für $T \approx 4\,T_u$		

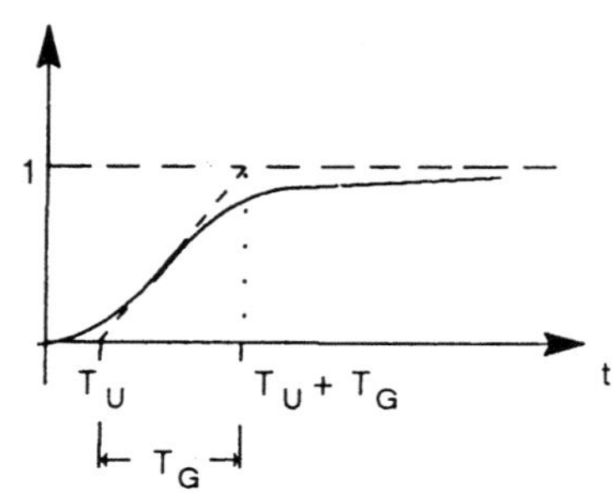

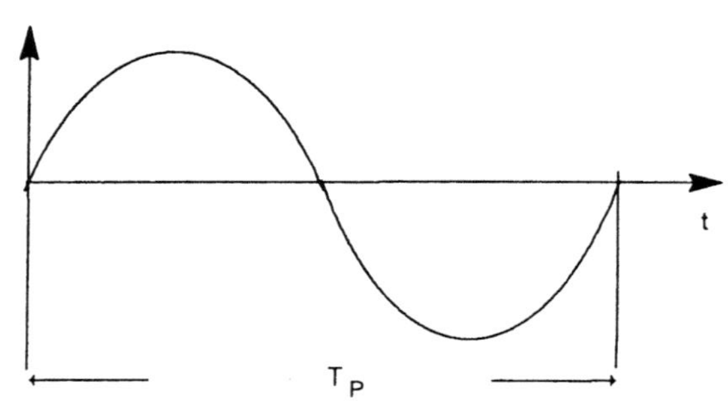

Bild 5.3 Einstellregeln für Regelparameter nach Takahashi in Anlehnung an Ziegler – Nichols und Isermann

5.3 Beispiel

Überblick

Zur Nachführung eines Sensors im Seiten- oder Höhenwinkel ist ein Regler notwendig. Die Forderungen an das System sind schnelles Einschwingen auf die Zielposition und möglichst schleppfehlerfreies Verfolgen.

Die Steuerspannung für den Sensorantrieb wird aus der Fehlerspannung, d.h. Differenz zwischen Soll- und Istposition des Sensors und der geglätteten Geschwindigkeit des zu verfolgenden Objekes gebildet.

Im folgenden werden zwei Regler mit integralem Verhalten vorgestellt. Die Parameter des Reglers 1 sind fixe Werte, die Parameter des Reglers 2 werden in jedem Taktzyklus aus dem Schleppfehler neu berechnet. Beim adaptiven Regler 2 besteht die Möglichkeit, weitgehend ohne geglättete Geschwindigkeit eine Verfolgung mit kleinen Schleppfehlern durchzuführen.

Die Auslegung der Regler erfolgt hier für den Seitenantrieb des Folgesystems, ist jedoch auf jeden anderen Sensor oder Antrieb übertragbar.

Eine Beschreibung der Softwarealgorithmen und der Dimensionierungshinweise sind angegeben.

Die Fehlerspannung und die geglättete Geschwindigkeit werden mittels eines Algorithmus in eine Steuerspannung für den Antrieb der Welle umgesetzt.

In der ersten Rechnung erfolgt eine Behandlung des analogen Regelkreises. Der mit Hilfe dieser Rechnung ausgelegte Regler vom Typ PI wird in einem Softwarealgorithmus umgesetzt. In der weiteren Betrachtung wird ein adaptiver Regler entworfen und dimensioniert.

Regelkreis – Prozeßmodell

Behandelt wird der Seitenantrieb des Folgesystems, bestehend aus Antriebsmotor, Tacho und Synchro.

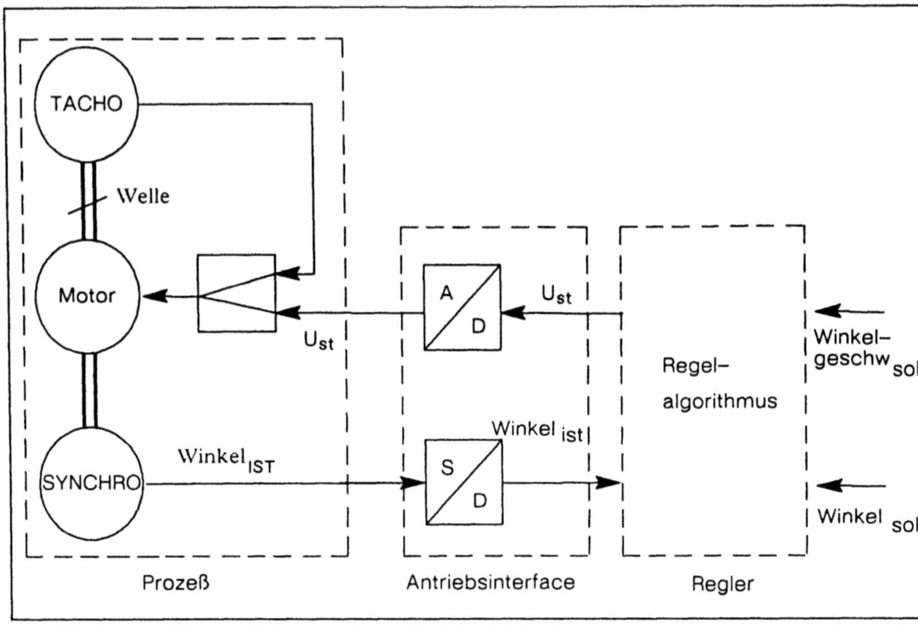

Bild 5.4 Seitenantrieb des Folgeradars mit seinen Elementen

Bild 5.4 zeigt die Welle des Seitenantriebes des Folgesystems mit ihren Elementen. Es wurden nur die zum Verständnis notwendigen Komponenten in das Bild aufgenommen.

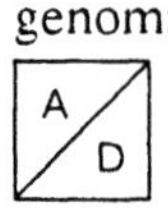

– Analog-Digital Wandler

Im Sinne von einfachen mathematischen Beziehungen bei der Berechnung des Reglers wird von dem angenäherten, jedoch bewährten Prozeßmodell ausgegangen.

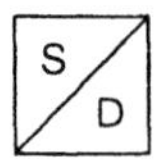

– Synchro-Digital Wandler

$$G_p(s) = \frac{1}{(1 + s\,T_1)\; s\,T_2} \tag{5.1}$$

Die Auslegung des Reglers erfolgt im Kontinuierlichen unter Berücksichtigung der mit der Abtastzeit vorgegebenen Grenzwerte der Reglerparameter. Anschließend erfolgt die Digitalisierung und Untersuchung der Quantisierungseffekte.

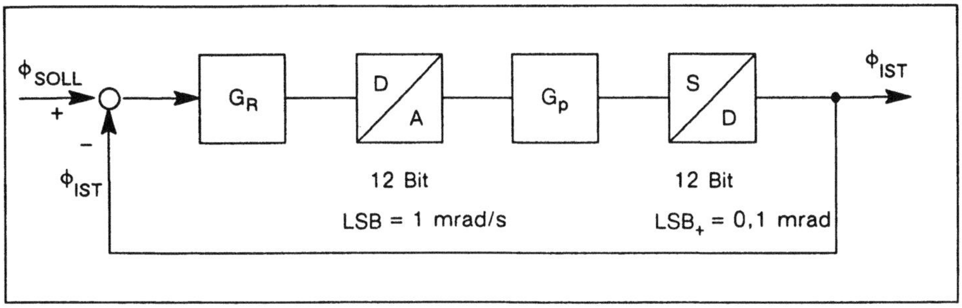

Bild 5.5 Regelkreis mit der angegebenen Übertragungsfunktion

Forderungen an den Regler

Zur Festlegung des Reglertyps ist eine Zusammenstellung der Forderungen an das Folgesystem erforderlich. Der Regler wird für die Betriebsarten "Aufschalten" und "Verfolgung" ausgelegt. Die Führungsgröße bei den genannten Betriebsarten läßt sich mit einer Sprung- und einer Rampenfunktion nachbilden.
Die Forderungen an den Regelkreis sind

1. Stabilität
2. schnelles Einschwingen
3. geringes Überschwingen
4. keine Regelabweichung bei Verfolgung mit konstanter Geschwindigkeit
5. kleine Regelabweichung bei Beschleunigung
6. Verträglichkeit mit vorgegebenen Zeittakt von 40 ms

Reglertyp

Die Forderung 4 bedingt einen Regler mit I-Anteil. Schnelles Einschwingen wird durch einen proportionalen Anteil gewährleistet. Der damit festgelegte Regler vom Typ PI wird im folgenden Abschnitt unter Berücksichtigung der restlichen Forderungen dimensioniert.

Dimensionierung des analogen Reglers

Mit der Übertragungsfunktion des PI - Reglers

$$G_R(s) = V_\alpha + \frac{1}{s} \frac{V_\beta}{T_\beta} \tag{5.2}$$

wird die Funktion F_0 der offenen Schleife des Regelkreises angegeben.

$$F_o(s) = \frac{1}{s^2} K \frac{B_1(s)}{B_2(s)} \tag{5.3}$$

mit

$$K = \frac{V_\beta}{T_\beta} \frac{1}{T_2}$$

$$B_1(s) = 1 + T_\beta \frac{V_\alpha}{V_\beta} s$$

$$B_2(s) = 1 + s\, T_1$$

Daten des Antriebes des Folgesystems

$T_1 = 0{,}1$ s

$T_{2\,SOLL} = 0{,}15$ s

$T_{2\,IST} = 0{,}075$ s

Regelabweichung Die Fehlerkonstanten und die Regelabweichung e_p, e_v, e_a in Position P, Geschwindigkeit v und Beschleunigung a sind in Bild 5.6 dargestellt.

Fehlerkonstanten	Regelabweichung
$K_p = \infty$	$e_p = \frac{1}{K_p} = 0$
$K_v = \infty$	$e_v = \frac{1}{K_v} = 0$
$K_a = K \frac{B_1(0)}{B_2(0)} = 10 \frac{V_\beta}{T_\beta} \frac{1}{s^2}$	$e_a = \frac{1}{K_a} a = 0{,}1 \frac{T_\beta}{V_\beta} a$ mrad

(5.4)

a – Beschleunigung im Seitenwinkel ca. 2500 mrad/s²

Bild 5.6 Fehlerkonstanten und Regelabweichung

Die Grenzwerte für V_α, V_β und T_β werden mit Hilfe des Symmetrischen Optimums und des Abtasttheorems unter Berücksichtigung der aufgelisteten Anforderungen ermittelt. Bei Abstützung auf die Sollwerte des Antriebes, d.h. 150 ms Zeitkonstante müssen die Werte

$$V_\alpha \leq 1{,}1$$
$$T_\beta / V_\beta \geq 140 \text{ ms}$$

sein. Da die Systeme kleinere Zeitkonstanten bzw. höhere Beschleunigungswerte als gefordert haben, ist eine Abänderung des Wertes V_α nach unten und T_β / V_α nach oben notwendig.

Bei der vermessenen Anlage ergibt sich aus den IST - Werten ein

$$V_\alpha \leq 0{,}8$$
$$T_\beta / V_\beta \geq 360 \text{ ms}$$

Um genügend große Stabilität des Regelkreises zu erzeugen, werden die Konstanten wie folgt gewählt.

$$V_\alpha \leq 0{,}7$$
$$T_\beta / V_\beta \geq 540 \text{ ms}$$

Umsetzung analog-digital

Die folgende Gleichung beschreibt in der z - Ebene ein Übertragungselement mit integralem Verhalten, d.h. mit einer Polstelle bei z = 1. Die Ableitung der Übertragungsfunktion des Reglers in der z-Ebene und der zugehörige Regelalgorithmus wurden in Abschnitt 5.1 bzw. 5.2 (Bild 5.2) durchgeführt.

$$G_R(z) = \frac{q_0 + q_1 z^{-1}}{1 - z^{-1}} \tag{5.5}$$

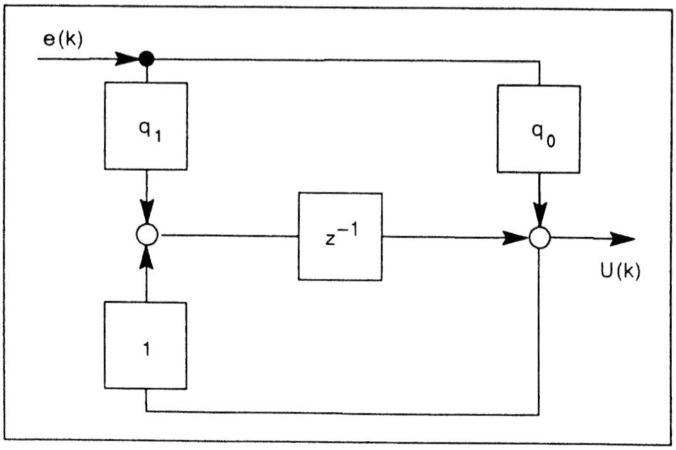

Bild 5.7 Übertragungsfunktion

Regel-Algorithmus

$$u(k) = u(k-1) + q_0 e(k) + q_1 e(k-1) \quad (5.6)$$

$$q_0 = V_\alpha$$

$$q_1 = -V_\alpha + V_\beta \frac{T_0}{T_\beta}$$

$$T_0 = 40 \text{ ms} = \text{Zeittakt}$$

Die Dynamik des Tachokreises im Antrieb schlägt sich beim Einschwingen auf unterschiedlich große vorgegebene Soll - Winkel auf das Gesamtverhalten des Systems durch. Diese wird durch Anwendung der folgenden Gleichung teilweise eliminiert.

$$u'(k) = u(k)\left(1 - \frac{1}{1 + a \cdot k}\left(1 - \frac{\Delta \measuredangle}{2800}\right)\right) \quad (5.7)$$

$\Delta \measuredangle$ = Differenzwinkel (SOLL-IST) zum Zeitpunkt des Einweisens in mrad

Für den vorher skizzierten Regler gilt:

q_0 = 0,7

q_1 = 0,626

a = 0,05 ... 0,1

k = Zeittakt

Die Anfangswerte e(0) und u(0) werden gleich 0 gesetzt.

Ein Regler mit einem integralen Verhalten baut proportional zur Beschleunigung der Führungsgröße einen Schleppfehler auf. Zum Abbau bzw. zur Reduzierung des Schleppfehlers bieten sich 2 Möglichkeiten an.

Abbau des Beschleunigungsfehlers

1. Nachführung mit der geglätteten Geschwindigkeit des zu verfolgenden Objektes (Vorsteuerung).

2. Vergrößerung der Integrationssteilheit des I-Reglers proportional zum Schleppfehler (mit Begrenzung).

Die Lösungen 1 und 2 sind in den nachfolgenden Abschnitten beschrieben.

Stützung der Sensornachführung

Im folgenden Bild ist der Aufbau des Seiten- bzw. Höhenwinkelnachlaufsystems, bestehend aus Antrieb, Nachführregler und Zieldatenaufbereitung, skizziert.

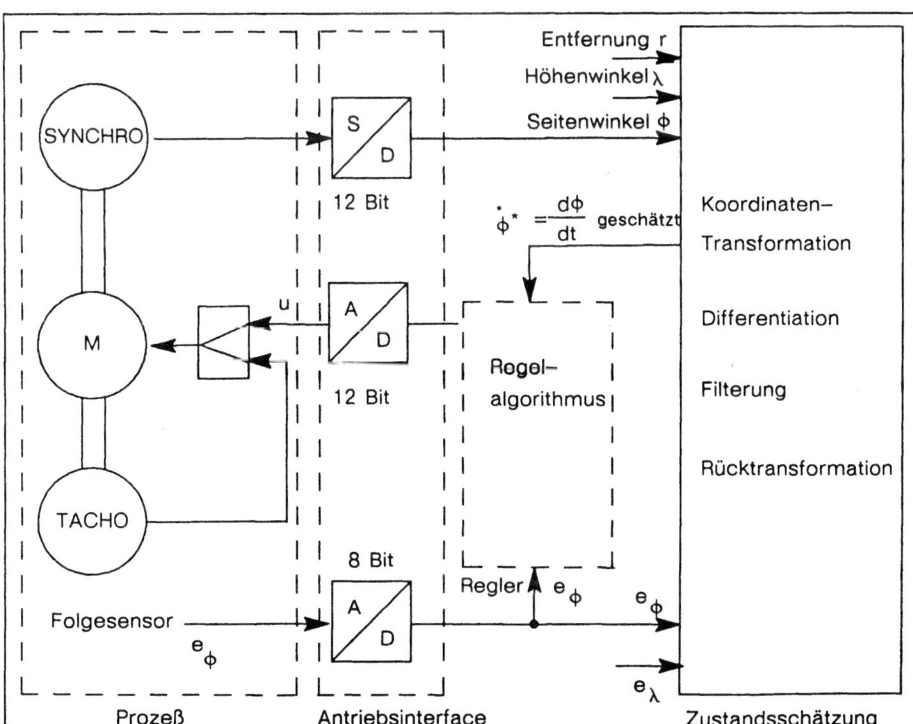

Bild 5.8 Seitenwinkelnachführsystem

In der Einweisungsphase bildet der Nachführregler gemäß Gleichung 6 aus der Fehlerspannung die Steuerspannung für den Antrieb. Nach Aufbau der geglätteten Geschwindigkeit $\dot{\phi}^*$ wird der I-Anteil des Reglers durch $\dot{\phi}^*$ ersetzt. Um einen stetigen Übergang zwischen I-Anteil und Geschwindigkeit $\dot{\phi}^*$ zu gewährleisten, wird der Auf- bzw. Abbau mittels Exponentialfunktionen hergestellt. Zusätzlich wird beim Einschwingen mit einer Exponentialfunktion der I-Anteil reduziert.

Der aus dieser Überlegung resultierende Gesamtnachführalgorithmus ist in der folgenden Gleichung niedergeschrieben.

$$u(k) = q_0\, e(k) + \left(1 - e^{-ak} S\, e^{-bn}\right.\left(u(k-1) + q_1\, e(k-1)\right) + \left(1 - e^{-bn}\right) \dot{\phi}^* \qquad (5.8)$$

Die Konstanten q_0 und q_1 werden in den folgenden Seiten berechnet.

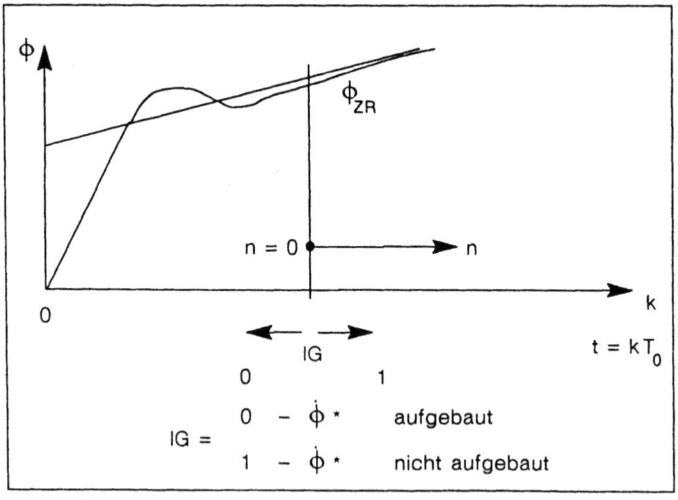

Bild 5.9 Umschaltung auf geschwindigkeitsgestützte Nachführung

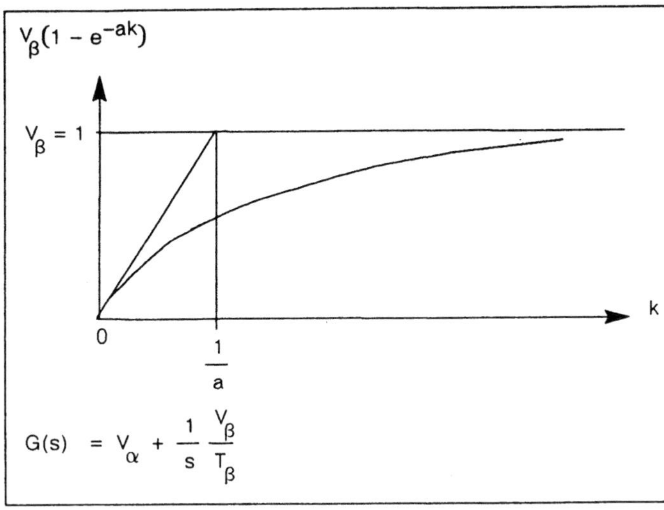

Bild 5.10 Einfluß von a auf die Eigenschaften des Nachführreglers

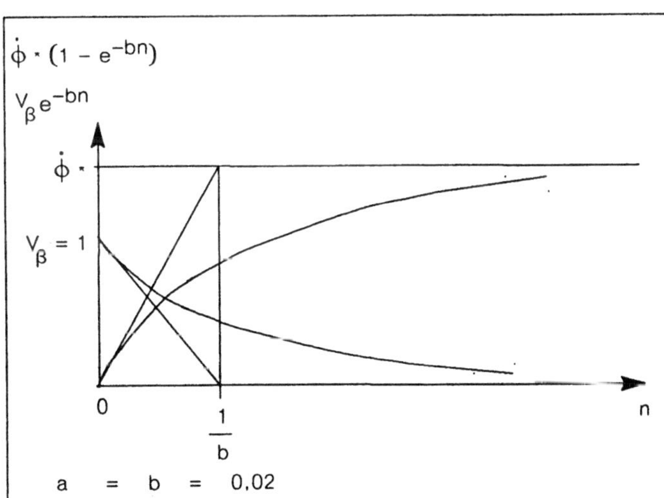

Bild 5.11 Einfluß von b auf die Eigenschaften des Nachführreglers

Im Sinne einer möglichst kurzen Rechenzeit wird die Exponentialfunktion in der Gleichung (5.8) durch Potenzreihenentwicklung ersetzt.

Die Exponentialfunktion kann für ak und bk $\ll 1$ durch

$\frac{1}{1 + ak}$ angenähert werden.

$$e^{-ak} \approx \frac{1}{1 + ak}$$

$$e^{-bn} \approx \frac{1}{1 + bn}$$

Damit geht die Gleichung (5.8) für die Steuerspannung über in:

$$u(k) = q_0\, e(k) + \left(1 - \frac{1}{1+ak}\right) \frac{1}{1+bn} \left(u(k-1) + q_1\, e(k-1)\right) + \left(1 - \frac{1}{1+bn}\right) \dot{\phi}^* \qquad (5.9)$$

mit LSB von $U(k) = 1$ mrad/s
LSB von $\dot{\phi}^* = 1$ mrad/s
LSB von $e(k) = 0{,}1$ mrad/s

$a = b \approx 0{,}02$

$q_0 = 0{,}4 \ \ldots \ 0{,}7$

$q_1 = -0{,}4\,(1 - 0{,}074) \ \ldots \ -0{,}7\,(1 - 0{,}074)$

Die Wahl von q_0 und q_1 muß abhängig von der Dynamik des Antriebes getroffen werden. Für Antriebe mit kleinen Verzögerungszeiten sind kleine q-Werte zu wählen, mit großen Zeitkonstanten große q-Werte.

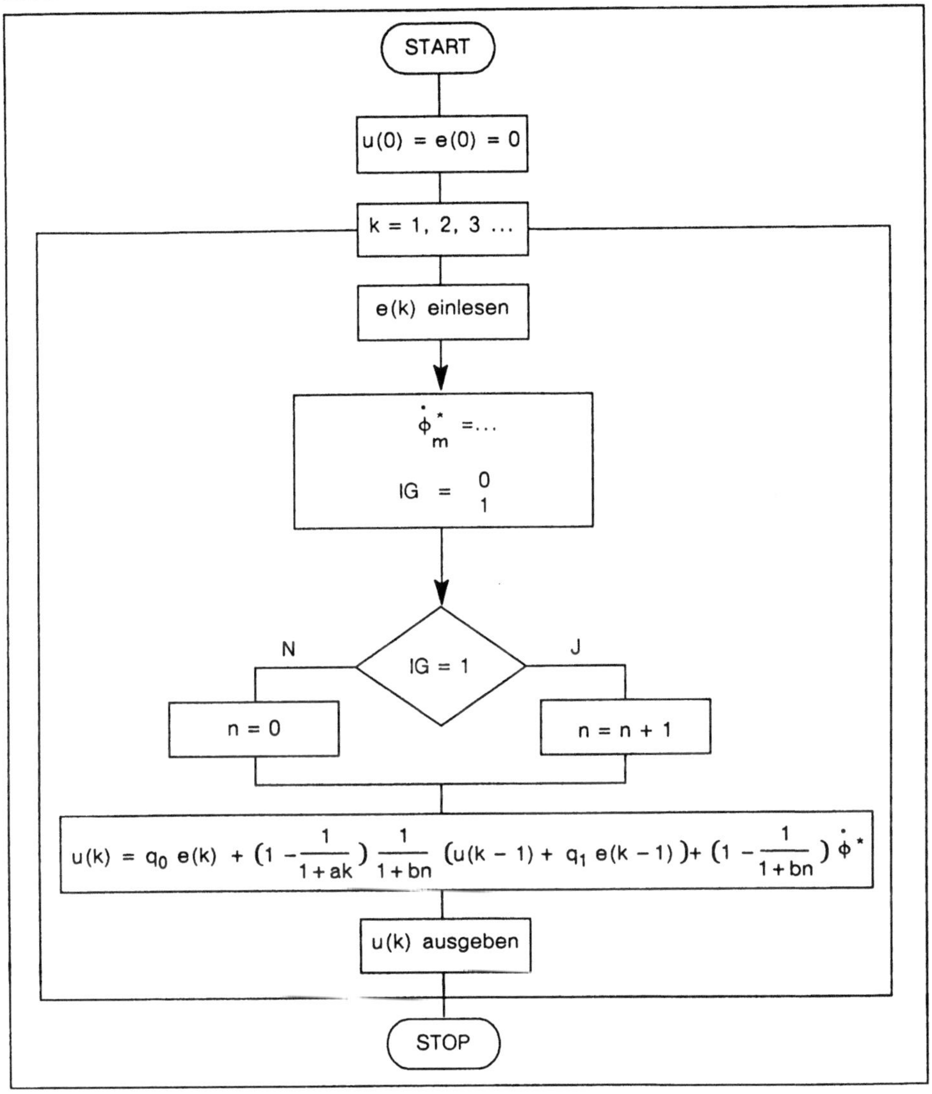

Bild 5.12 Ablaufdiagramm des Reglermoduls

Nachführregler mit adaptiver Integrationssteilheit

Im allgemeinen besteht die Forderung, daß unabhängig von den Beschleunigungswerten der Zielposition und ohne Einbeziehung der geglätteten Geschwindigkeit ein Maximalwert für den Schleppfehler nicht überschritten wird. Dies wird erreicht, indem die Integrationssteilheit an den Schleppfehler adaptiert wird. Im Einschwingvorgang muß aus Stabilitätsgründen die Steilheit begrenzt werden.

Struktur des Reglers

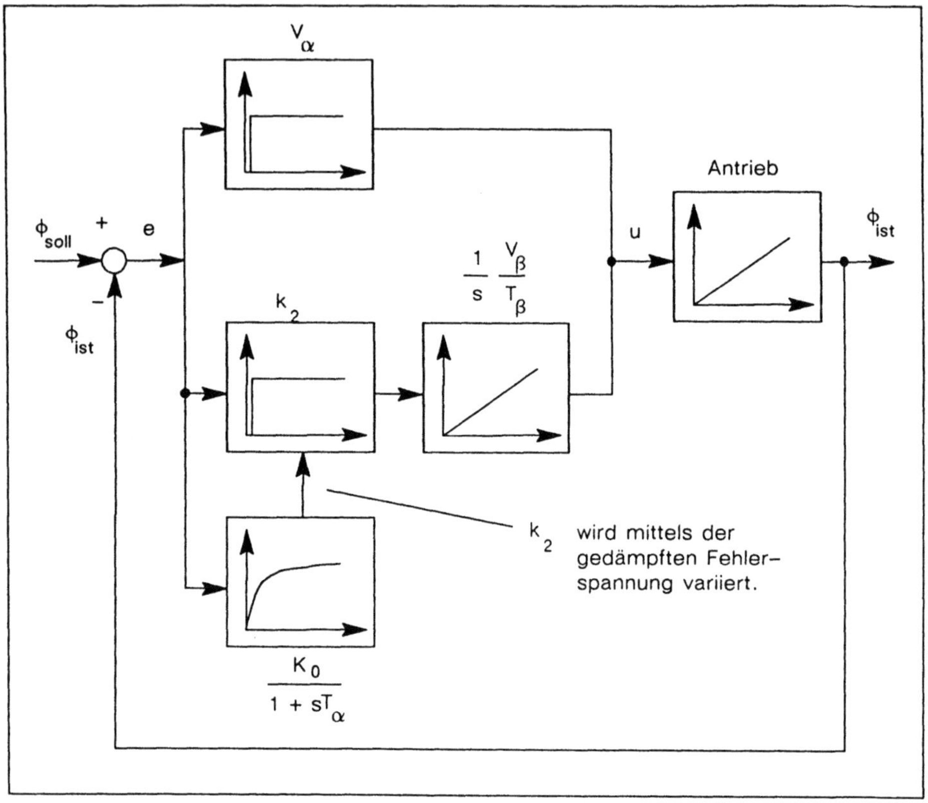

Bild 5.13 Struktur des adaptiven Reglers

Die Stellgröße für den I-Anteil soll bei maximal zugelassenem Schleppfehler (z.B. 2 mrad) gleich 1 sein. Der Parameter K_2 wird in Abhängigkeit von e gesteuert. In der Praxis hat sich gezeigt, daß zur Steuerung von K_2 eine Glättung der Ablage e vorteilhaft ist.

Den Algorithmus des Softwarereglers und die Berechnung des Stellfaktors K_2 beschreibt die folgende Gleichung.

$$K_2(k) = \frac{1}{20}\,\frac{T_0}{T_\alpha}\,e(k) + e^{-\frac{T_0}{T_\alpha}}\,K_2(k-1) \qquad (5.10)$$

$\frac{1}{20}$ → $\widehat{=}$ 2 mrad Schleppfehler bei LSB von

$$e(k) = 0{,}1 \text{ mrad}$$

$$u(k) = q_0\,e(k) + \left(1 - \frac{1}{1+ak}\right)\left(u(k-1) + q_0\,e(k-1)\left(1 - K_2(k)\,V_\beta\,\frac{T_0}{T_\beta}\right)\right)$$

$$u(k) = q_0\,e(k) + \left(1 - \frac{1}{1+ak}\right)\left(u(k-1) + q_1\,e(k-1)\right)$$

Die Begrenzung der Steilheit und damit K_2 beim Einschwingvorgang führt zu dem folgenden skizzierten Ablaufplan des Nachführprogramms.

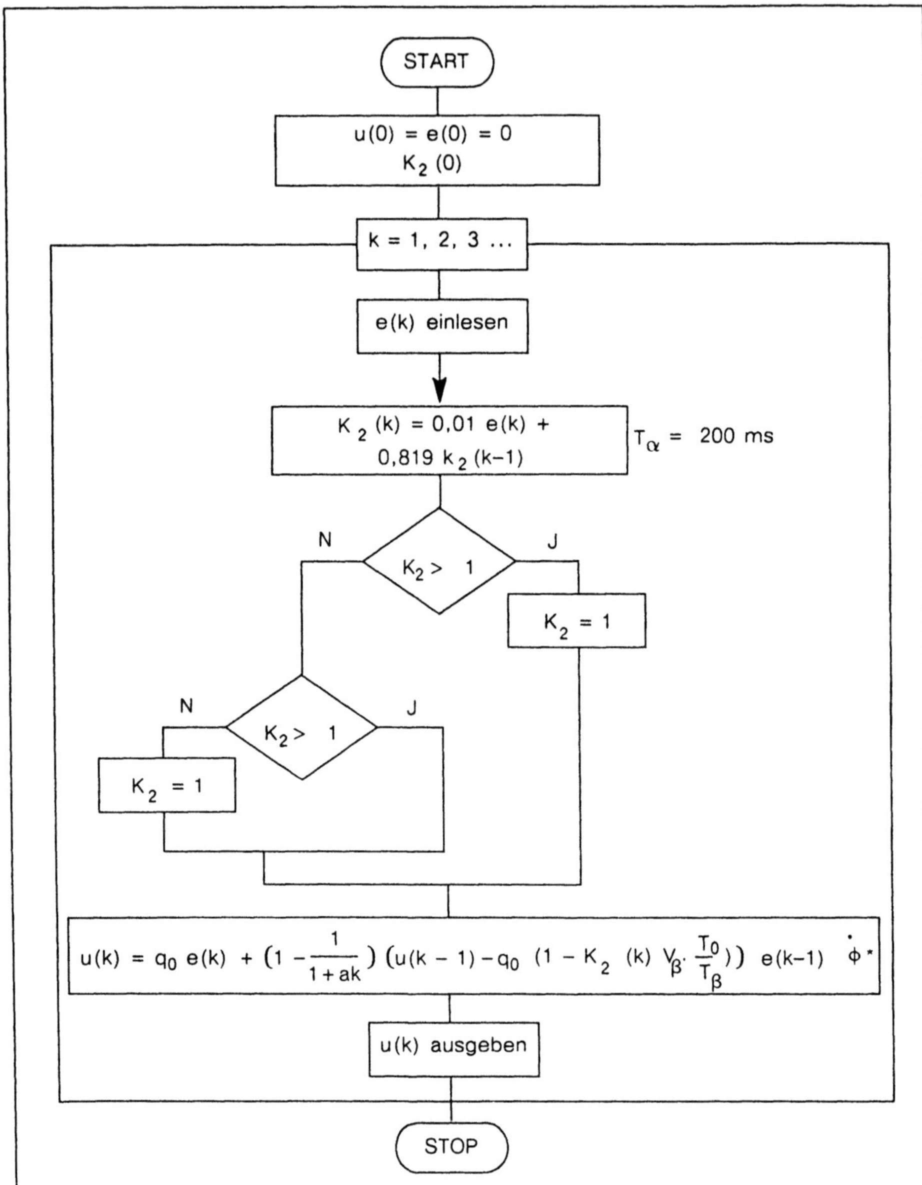

Bild 5.14 Aufbauplan des Nachführprogramms

6 Standardfilter und Fensterfunktionen

Die Signale in digitalen Regelungssystemen sind häufig mit Rauschanteilen überlagert. Zur Befreiung von den Störsignalen ist es nicht immer notwendig aufwendige Filterverfahren einzusetzen. Deshalb werden in diesem Kapitel einfache rekursive und nichtrekursive Algorithmen zur Signalverarbeitung abgeleitet. In Abschnitt 6.1 werden die aus der Analogtechnik bekannten Tiefpaß- und Hochpaß-Filter behandelt. Im Abschnitt 6.2 werden nichtrekursive Fensterfunktionen beschrieben.

6.1 Einfache rekursive Algorithmen zur Signalfilterung

Die Anwendung der aus der analogen Signalverarbeitung bekannten Filter hat den Vorteil, daß die Filterdimensionierung dem Anwender vertraut ist. Ein Einsatz wird auch wegen des geringen Rechenzeitverbrauchs empfohlen.

6.1.1 Tiefpaß

Ausgehend von der Übertragungsfunktion in der s-Ebene wird die Übertragungsfunktion in der z-Ebene gebildet. Über die Differenzengleichung wird der Algorithmus für den Tiefpaß 1. Ordnung angegeben. Diese Vorgehensweise ist auf alle Übertragungsglieder anwendbar, von denen eine Übertragungsfunktion angegeben ist.

Übertragungsfunktion

$$G(s) = \frac{1}{1 + sT}$$

T-Zeitkonstante

Zur Abbildung von G(s) in der z-Ebene wird die Transformationstabelle zwischen s- und z-Bereich (siehe Anhang) benutzt. Für die Anwendung im realen System werden Übertragungsfunktion und Algorithmus ohne Halteglied angegeben, da das Halteglied im realen System bereits durch A/D Wandler und Speicher vorhanden ist.

z-Übertragungsfunktion

$$G(z)= \frac{Y(z)}{U(z)} = \frac{b_0}{1+a_1 z^{-1}}$$

Aus der Übertragungsfunktion G(z) wird die Differenzengleichung des diskretisierten Tiefpasses angegeben.

$$G(z)= \frac{Y(z)}{U(z)} = \frac{b_0}{1+a_1 z^{-1}}$$

$$Y(z) \cdot (1+ a_1 z^{-1})= U(z) \cdot b_0$$

↓ Rücktransformation

$$y(k) + a_1 y(k-1) = u(k) b_0$$

$$y(k) = b_0 u(k) - a_1 y(k-1)$$

Der Ausgang y(k) des Tiefpasses setzt sich aus dem mit b_0 gewichteten Eingang u(k) und dem um einen Zeittakt zurückliegenden Ausgangswert y(k–1), gewichtet mit $-a_1$, zusammen. Aus Erfahrung unterstützt der Signalflußplan das Verständnis der Zusammenhänge.

$$y(k) = b_0 u(k) - a_1 y(k-1)$$

$$b_0 = \frac{1}{T}$$

$$a_1 = -e^{-T_0 / T}$$

T – Zeitkonstante des Tiefpasses

T_0 – Zeittakt des digitalen Systems

Frequenzgang

Der Frequenzgang des digitalen Tiefpasses ist wegen des getakteten Systems nicht mit dem Frequenzgang des analogen Tiefpasses identisch. Oberhalb der Eckfrequenz 1/T kommt es bei ganzzahligen Vielfachen der Abtastfrequenz zu Nullstellen des Amplitudenganges. Ganze vielfache Störfrequenzen der Abtastfrequenz können bei digitalen Systemen grundsätzlich nicht mit Softwarealgorithmen gefiltert werden. Die Frequenzen treten bei einer korrekten Auslegung des Anti-Aliasingfilters nicht auf.

$$G(z) = \frac{b_0}{1 + a_1 z^{-1}}$$

mit $z = e^{j\omega T_0}$

Frequenzgang

$$G(\omega) = \frac{b_0}{1 + a_1 e^{j\omega T_0}}$$

Amplitudengang

Der Amplitudengang ergibt sich aus der Wurzel vom Produkt aus dem komplexen und konjugiert komplexen Frequenzgang.

$$|G(\omega)| = \frac{b_0}{\sqrt{1 + 2a_1 \cos \omega T_0 + a_1^2}}$$

6.1.2 Hochpaß

Der Hochpaß erster Ordnung wird in der Literatur häufig als $D\text{-}T_1$-Glied gekennzeichnet. Zur Formulierung des Hochpasses im Diskreten wird wiederum die Übertragungsfunktion aus der s-Ebene in die z-Ebene transformiert. Der Filteralgorithmus wird über die Differenzengleichung abgeleitet.

Übertragungsfunktion

$$G(s) = \frac{sK_D}{1 + sT_1} \qquad \text{für } T_1 < K_D$$

Zur Transformation in die z-Ebene wird die Transformationstabelle im Anhang benutzt.

z-Übertragungsfunktion

$$G(z) = \frac{b_0 + b_1 z^{-1}}{1 + a_1 z^{-1}}$$

$$a_1 = -e^{-T_0/T_1}$$

$$b_0 = -b_1$$

$$b_1 = K_D/T_1$$

T_0 = Zeittakt

T_1 = Zeitkonstante

K_D = Differentiationskonstante

Die inverse z-Transformation angewendet auf die z-Übertragungsfunktion liefert die Zusammenhänge im Zeitbereich, d. h. die Differenzengleichung.

$$G(z) = \frac{Y(z)}{U(z)}$$

$$Y(z)\,[\,1 + a_1 z^{-1}] = U(z)\,[\,b_0 + b_1 z^{-1}\,]$$

$$y(k) + a_1\, y(k-1) = b_0\, u(k) + b_1\, u\,(k-1)$$

Algorithmus

Die Umstellung der Differenzengleichung ergibt den rekursiven Algorithmus des diskreten Hochpasses

$$y(k) = b_0 u\,(k) + b_1 u\,(k-1) - a_1 y\,(k-1)$$

Signalflußplan

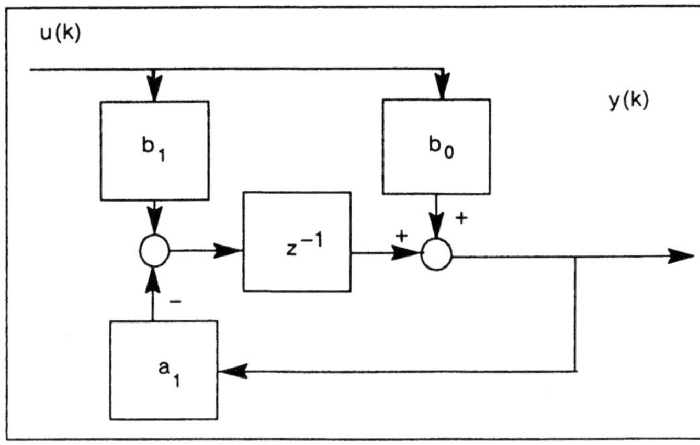

Bild 6.1 Signalflußplan des digitalen Hochpasses

Frequenzgang Der Frequenzgang ergibt sich aus der Übertragungsfunktion, indem z durch $e^{j\omega T}$ ersetzt wird.

$$G(\omega) = \frac{b_0 + b_1\, e^{-j\omega T_0}}{1 + a_1\, e^{-j\omega T_0}}$$

Amplitudengang Der Amplitudengang als Dämpfungsgrad ist der Betrag $|G(\omega)|$ des Frequenzganges.

$$|G(\omega)| = \sqrt{\frac{b_0^2 + b_1^2 + 2\, b_0\, b_1 \cos \omega T_0}{1 + a_1^2 + 2a_1 \cos \omega T_0}}$$

$$|G(\omega = 0)| = \sqrt{\frac{(b_0 + b_1)^2}{(1 + a_1)^2}}$$

$$|G(\omega = 0)| = \frac{b_0 + b_1}{1 + a_1}$$

$$\left|G\left(\omega = \frac{\pi}{2}\right)\right| = \sqrt{\frac{b_0^2 + b_1^2}{1 + a_1^2}}$$

6.2 Fensterfunktionen

Digitale nichtrekursive Filter werden mit Fensterfunktionen realisiert. Nichtrekursive Filter haben den Vorteil eines linearen Phasenganges. Erst durch die Verfügbarkeit von digitalen Speichern ist die Verwendung von nichtrekursiven Filtern ins Interesse des Praktikers gerückt.

Fensterfunktion

Eine Fensterfunktion ist ein Zeitfenster mit einer Gewichtfunktion über die Fensterbreite. Die Gewichtsfunktion über die definierte Fensterbreite wird Fensterfunktion genannt.

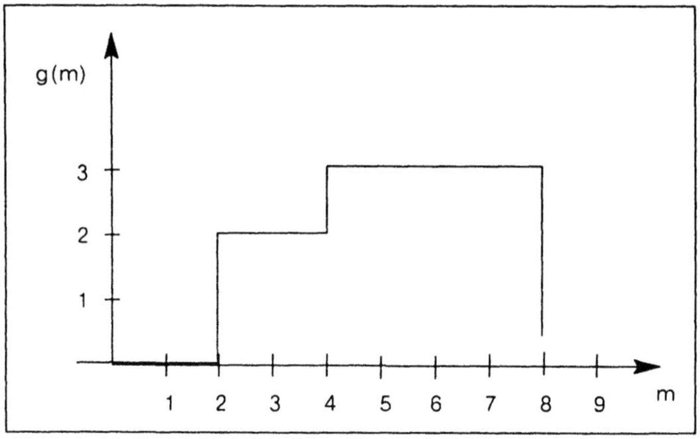

Bild 6.2 Fensterfunktion

Die in Bild 6.2 aufgezeigte Fensterfunktion g(m) wichtet den zweiten und dritten eingehenden Impuls mit 2, den vierten bis achten Impuls mit jeweils 3.

Die Fensterfunktion wird über die eingehende Impulsfolge hinweg geschoben. Der Ausgang ist die Multiplikation der Eingangsimpulsfolge mit dem entsprechenden Gewicht der Fensterfunktion und die Summation der gewichteten Einzelimpulse.

Die Fensterfunktion wird auch als Folge von Gewichten in einer geschweiften Klammer geschrieben. Die folgende Funktion g(m) beschreibt die in Bild 6.3 dargestellte Fensterfunktion.

$$g(m) = \{0,0,2,2,3,3,3,3,3,0,0,\ldots\}$$

Übertragungsfunktion

Aus der Gewichtsfunktion läßt sich auf einfache Weise die Übertragungsfunktion angeben, da eine Multiplikation mit z^{-1} eine Verschiebung um einen Zeittakt bedeutet.

Die Fensterfunktion g(m) im Bild 6.2 hat die nachfolgende Übergangsfunktion G(z).

$$G(z) = 2z^{-2} + 2z^{-3} + 3z^{-4} + 3z^{-5} + 3z^{-6} + 3z^{-7} + 3z^{-8}$$

Die allgemeine z-Übertragungsfunktion einer nichtrekursiven Funktion ist die Summe über die Gewichtsfunktion multipliziert mit z^{-m}.

$$G(z) = \sum_{m=1}^{\infty} g(m)\, z^{-m}$$

Frequenzgang

Der Frequenzgang wird wie bei den rekursiven Filtern durch Ersetzen von z mit

$e^{j\omega T_0}$ gewonnen.

$$G(j\omega) = \sum_{m=1}^{\infty} g(m)\left(e^{j\omega T_0}\right)^{-m}$$

ω - Kreisfrequenz

T_0 - Zeittakt

m - Zählindex

Amplitudengang

Der Amplitudengang ist wiederum der Betrag des Frequenzganges. In allgemeiner Form wird für den Amplitudengang nur das Produkt aus komplexen $G(j\omega)$ und konjugiertem $G(-j\omega)$ angegeben.

$$|G(j\omega)| = \sqrt{G(j\omega)\, G(-j\omega)}$$

Phasengang

Der Phasengang nichtrekursiver Funktionen hat im allgemeinen lineares Verhalten. Dies hat in der Praxis den Vorteil, daß der Zeitverzug des Ergebnisses in Abhängigkeit von der Frequenz leicht abschätzbar ist.

$$\phi(\omega) = \arctan \frac{Im(G(j\omega))}{Re(G(j\omega))}$$

$$= \arctan \frac{\sum_{m=i}^{\infty} g(m) \quad Im(z^{-m})}{\sum_{m=i}^{\infty} g(m) \quad Re(z^{-m})}$$

Auch hier wird beim Amplitudengang auf die komplett durchgerechnete Form der unter 6.2.1 aufgeführten Beispiele verwiesen.

Faltung von Fensterfunktionen

Die Fensterfunktionen werden über die Faltung zweier diskreter Folgen gemäß Abschnitt 4.3 angewendet.

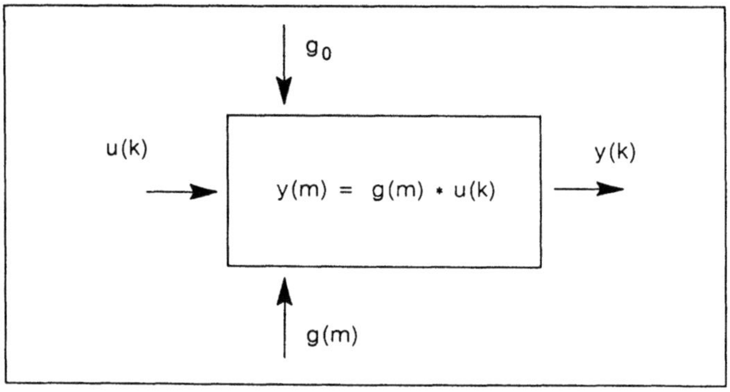

Bild 6.3 Faltung der Fensterfunktion

Die Ausführung der Faltung liefert für den k-ten Ausgangsimpuls von y(k) eine Summe über m, wobei m_{max} die Breite des Fensters in Zeittakten angibt.

$$y(k) = g(m) * u(k)$$

$$= \sum_{m=i}^{m_{max}} g(m) \quad u(k-m)$$

Zum besseren Verständnis der Faltung wird die Faltungsfunktion über die m-Achse und die Impulsfolge u(k) über die konstante Funktion g in Bild 6.4 graphisch dargestellt.

Graphische Darstellung der Faltung

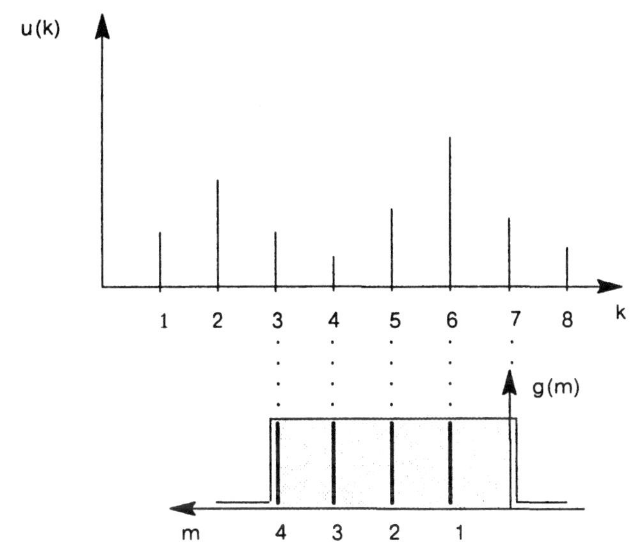

$y(7) = g(0)u(7) + g(1)u(6) + g(2)u(5) + \ldots + g(4)u(3)$

Bild 6.4 Faltung der Fensterfunktion g(m) mit u(k)

Das Fenster mit dem Zählindex m wird mit laufendem k über die Eingangsimpulsfolge u(k) hinweggeschoben. Die Summe über die Produkte aus g(m) und u(k–m) ist der k-te Impuls der Ausgangsfolge y(k).

Anwendungen

Mit Fensterfunktionen können prinzipiell beliebige Frequenzgänge erzeugt werden. Eine klassische Anwendung ist die Mittelwertbildung. Bei der Mittelwertbildung werden alle in das Fenster fallende Eingangsimpulse mit dem gleichen Gewicht bewertet. Über das Verhalten der Mittel–

wertbildung in der Frequenzebene verschafft sich der Anwender meist kein Bild, obwohl die dazu notwendigen Verfahren die digitale Signalverarbeitung mit der z–Transformation zur Verfügung stellt.

Trotz der beliebigen Anwendbarkeit sollen hier zwei Fälle unterschieden werden. Fensterfunktionen können einerseits zur Filterung oder Glättung von Impulsfolgen benutzt werden und andererseits zur Bildung von Ableitungen, d. h. zur Differentiation von Eingangsfolgen.

Zur Formulierung der Fensterfunktion können zwei Wege beschritten werden. Die Fensterfunktion wird empirisch festgelegt, z.B. durch Erfahrungswerte, siehe Mittelwertbildung oder ausgehend von einem Wunschfrequenzgang berechnet.

In Abschnitt 6.2.1 werden empirisch formulierte Gewichtsfunktionen zur Glättung von Daten behandelt. In Abschnitt 6.2.2 werden ausgehend von einem Wunschfrequenz– oder Amplitudengang Gewichtsfunktionen berechnet, die die erste und zweite Ableitung der Eingangsimpulsfolgen liefern.

6.2.1 Fensterfunktionen zur Glättung von Impulsfolgen

Zur Glättung von Impulsfolgen wird in der Praxis häufig der Mittelwert aus den letzten eingegangenen Werten gebildet. Dabei werden die Werte gleichmäßig gewichtet oder mit zunehmendem Alter schwächer gewichtet. Diese beiden Mittelwertbildungen werden eingangs behandelt. Aufbauend auf die dabei beschriebenen Zusammenhänge zwischen Wichtung, Amplitudengang und Phasengang kann dann die Fensterfunktion gezielt modifiziert werden.

Mittelwertbildung mit konstanter Wichtung

Die Mittelwertbildung mit konstanter Wichtung hat eine Rechteckfensterfunktion.

Fensterfunktion

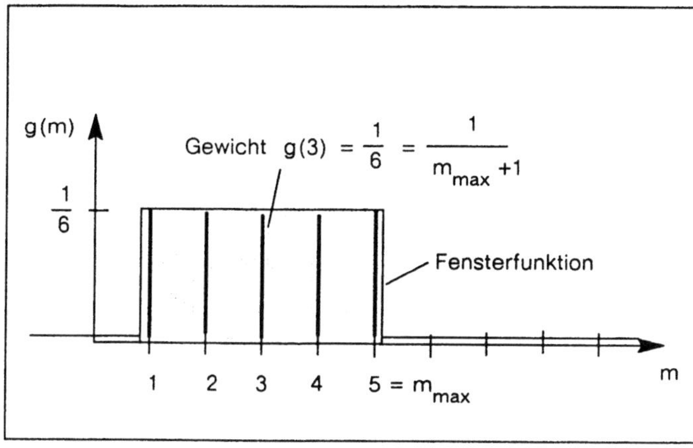

Bild 6.5 Fensterfunktion der Mittelwertbildung mit konstanter Wichtung

Mittelwertbildung als Faltung

Bei der Formulierung der Mittelwertbildung mit konstanter Wichtung als Faltung können die konstanten Gewichte g(m) ausgeklammert werden. Die Faltung wird in die triviale Summation der Eingangsimpulse dividiert durch die Anzahl der Eingangsimpulse überführt.

$$y(k) = g(m) * u(k) = \sum_{m=0}^{m_{max}} g(m)\, u(k-m)$$

$$g(m) = \text{const} = \frac{1}{m_{max} + 1} = g_0$$

$$y(k) = \frac{1}{m_{max} + 1} \left(u(k) + u(k-1) + \ldots + u(k - m_{max} - 1) \right)$$

Übertragungsfunktion der Mittelwertbildung

Die Übertragungsfunktion der Mittelwertbildung mit g_0 ist die Summe über z^{-m}, da die Verschiebung eines Impulses im z-Bereich mit der Multiplikation mit z^{-1} gleichbedeutend ist.

$$G(z) = g_0 \left(1 + z^{-1} + z^{-2} + z^{-3} + \ldots + z^{-m_{max}} \right)$$

Frequenzgang

Der Frequenzgang liefert Aussagen über den Amplituden- und Phasengang der Mittelwertbildung.

$$G(j\omega) = \frac{1}{m_{max}+1}\left(e^{-j\omega T_0} + e^{-2\,j\omega T_0} + \ldots + e^{-(m_{max}+1)\,j\omega T_0}\right)$$

Amplitudengang

Der Amplitudengang wird in bekannter Art, d.h Wurzel aus dem Produkt von dem komplexen und dem konjugiert komplexen Frequenzgang, gebildet.

Phasengang

Der Phasengang ist der arctan angewandt auf den Quotienten aus Imaginärteil und Realteil von $G(j\omega)$.

Mittelwertbildung mit abfallender Wichtung

In dieser Ausprägung der Mittelwertbildung fällt die Wichtung der Eingangsgrößen mit zunehmendem m ab.

Fensterfunktion

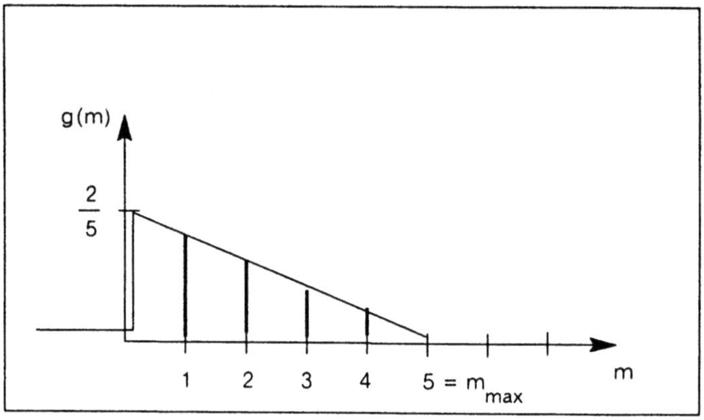

Bild 6.6 Fensterfunktion der Mittelwertbildung mit abfallender Wichtung

Um eine Verfälschung des Ergebnisses der Mittelwertbildung zu vermeiden, muß die Fläche unter der Fensterfunktion immer den Wert 1 haben. Diese Regel ist für die Dimensionierung aller Gewichtsfunktionen für Mittelwertbildungen gültig. Wird z.B. ein Gewicht erhöht, so muß eine andere Wichtung im gleichen Maß zurückgenommen werden.

Das bedeutet für die in Bild 6.6 gezeichnete Gewichtsfunktion:

$$\text{Fläche } \triangleright = g_0 \; m_{max} \; \frac{1}{2} \overset{!}{=} 1$$

$$= g_0 \cdot 5 \cdot \frac{1}{2} = 1$$

Das Gewicht g_0 ist somit gleich 2/5. Die restlichen Gewichte werden über die damit bekannte Neigung der Gewichtsfunktion bestimmt.

$$g(m) = \left\{ \frac{10}{25}, \frac{8}{25}, \frac{6}{25}, \frac{4}{25}, \frac{2}{25}, 0, 0 \ldots \right\}$$

Faltung

Die Anwendung der Mittelwertbildung mit abfallender Wichtung, d. h. die Faltung von u(k) und g(k), ist in Bild 6.7 graphisch dargestellt.

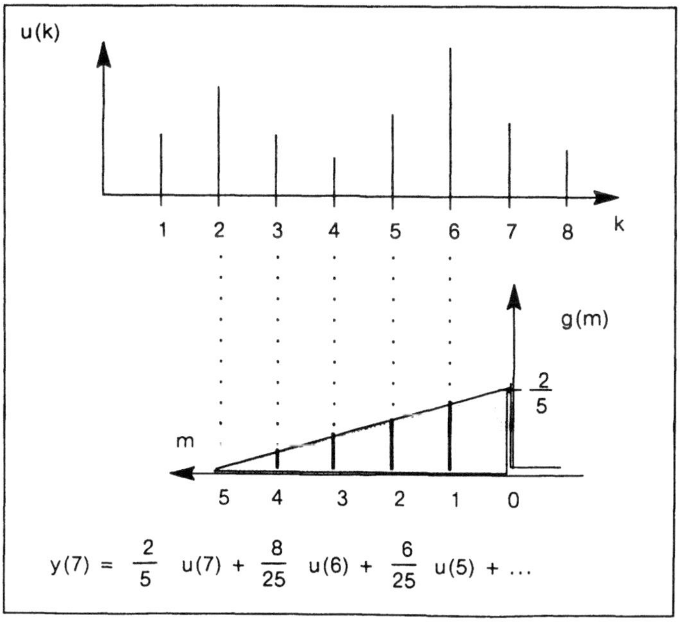

Bild 6.7 Faltung der Fensterfunktion g(m) mit u(k)

Übertragungsfunktion

$$G(z) = \frac{10}{25} z^{0} + \frac{8}{25} z^{-1} + \frac{6}{25} z^{-2} + \frac{4}{25} z^{-3} + \frac{2}{25} z^{-4}$$

Aus der z-Übertragungsfunktion leitet sich wiederum der Frequenz- und Phasengang ab.

Zusammenfassung Mittelwertbildung mit abfallender Wichtung

Die gezeigten Hilfsmittel gestatten dem Anwender Fensterfunktionen zu entwerfen, die die Anforderungen hinsichtlich Amplitudengang und Phasengang erfüllen. Mögliche Formen der Gewichtsfunktionen sind exponentielles Abklingen, stufiges Abklingen usw.

6.2.2 Ableitung der Fensterfunktion aus gegebenem Amplitudengang

Mit folgendem Verfahren wird ausgehend von einem geforderten Amplitudengang gezielt die Fensterfunktion des Übertragungssystems berechnet. In den folgenden Beispielen werden mit dem Verfahren die Fensterfunktionen von Differenzierern erster und zweiter Ordnung mit Tiefpaßverhalten abgeleitet.

Der geforderte Verlauf des Amplitudenganges wird als Fourierreihe dargestellt. Die so ermittelte Fourierreihe wird nun mit der gesuchten z-Übertragungsfunktion der Fensterfunktion gleichgesetzt. Die Gleichsetzung ergibt die Zuordnung der Koeffizienten der Fourierreihe und der Koeffizienten der z-Übertragungsfunktion der Fensterfunktion.

Geforderter Amplitudengang

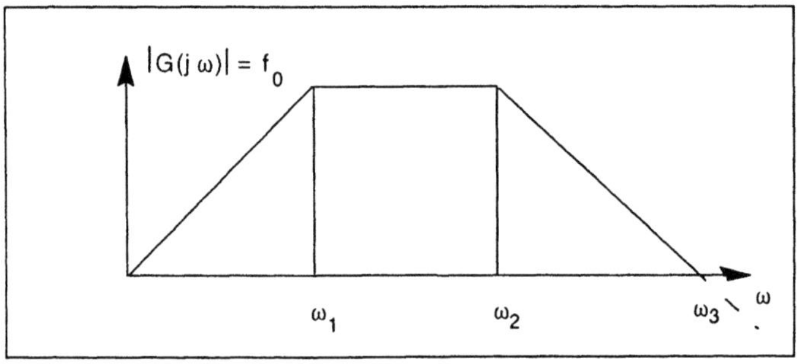

Bild 6.8 Geforderter Amplitudengang der Fensterfunktion

Der geforderte Amplitudengang wird periodisch fortgesetzt und mit Hilfe einer Transformation als Fourierreihe dargestellt.

Frequenzgang

$$\mathcal{F}(f_0) = \sum_i f(i)\, e^{j\phi}$$

Fourier-transformation

Der Funktionsverlauf f_0 soll mit dem Amplitudengang der gesuchten Fensterfunktion identisch sein.

Gesuchte Fensterfunktion

$$G(z) = \sum_{m=0}^{\infty} g(m) \quad z^{-m}$$

Da die Fourierentwicklung des geforderten Amplitudenganges gleich der Reihenentwicklung des geforderten Frequenzganges ist, kann $\mathcal{F}(f_0)$ und $G(\omega)$ gleichgesetzt werden.

$$\mathcal{F}(f_0) \overset{!}{=} G(z = e^{j\omega T_0})$$

Werden in die Gleichung die Summen eingesetzt, so zeigt sich, daß die Gleichheit gegeben ist, wenn die Gewichte g(m) der Fensterfunktion gleich den Koeffizienten der Fourierentwicklung sind.

$$\sum_i f(i)\, e^{i\phi} = \sum_m g(m)\, z^{j\omega T_0}$$

$$f(i) = g(m)$$

Die gesuchte Fensterfunktion ist somit die Summe über die Koeffizienten der Fourierentwicklung multipliziert mit z^{-m}.

$$G(z) = \sum_i f(i)\, z^{-i}$$

Zusammenstellung

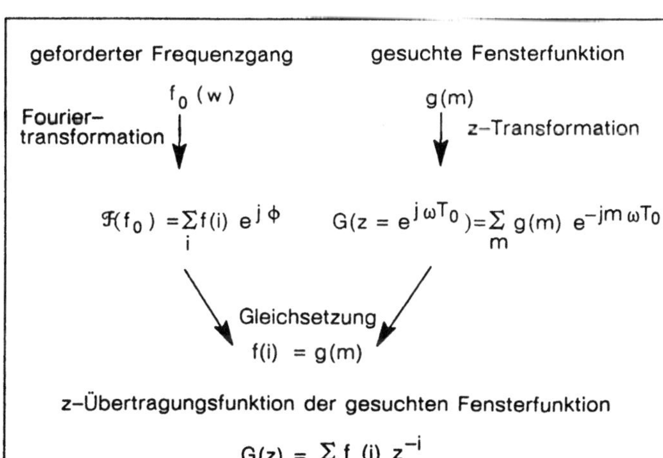

Bild 6.9 Ableitung der Fensterfunktion aus dem Amplitudengang

Beispiel

In vielen Anwendungen ist es wichtig, auf differenzierte Werte zugreifen zu können. Deshalb werden in den Beispielen Fensterfunktionen zur Differentiation mit Tiefpaßverhalten zur Rauschunterdrückung vorgestellt.

Problemstellung

Das Übertragungsverhalten eines Differenzierers mit linearem Frequenzgang führt zu einer Anhebung des Rauschpegels. Folglich müssen die Daten nach jeder Differentiation geglättet werden. Wünschenswert ist ein Algorithmus, der im Nutzfrequenzbereich einen linearen Frequenzgang hat und im Bereich größerer Frequenzen stark dämpft. Eine weitere Forderung der Praxis ist ein kleiner Zeitverzug bis zur Gewinnung der ersten und zweiten Ableitung der Ortswerte.

Klassischer Algorithmus

Die 1. Ableitung von Impulsfolgen kann durch die Differenz zweier Impulse dividiert durch Δt gebildet werden (Bild 6.10).

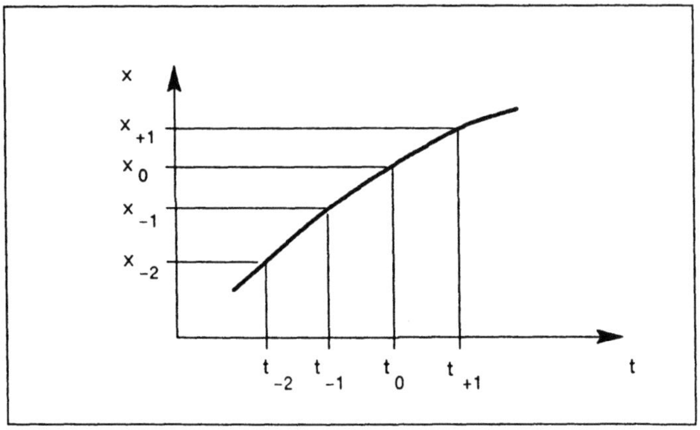

Bild 6.10 Klassische Differentiation

$$t_0 - t_{-1} = t_{+1} - t_0 = T_0 = \text{Zeittakt}$$

$$\dot{x}(t_0) \approx \frac{1}{t_{+1} - t_{-1}} (x_{+1} - x_{-1}) \approx \frac{1}{2T_0} (x_0 - x_{-2})$$

Fensterfunktion

Die Fensterfunktion des klassischen Algorithmus zur Differentiation lautet:

$$g(m) = \{ +\frac{1}{2T_0}, 0, -\frac{1}{2T_0}, 0, 0, \ldots\}$$

Übertragungsfunktion

$$G(z) = \frac{1}{2T_0} z^0 - \frac{1}{2T_0} z^{-2} = \frac{1}{2T_0} (1-z^{-2})$$

Amplitudengang

Der Amplitudengang $|G(j\omega)|$ verläuft nach $\sin \omega T_0$. Das Kennzeichen eines idealen Differenzierers ist ein linearer Frequenzgang. Die gegebene Differentiation ist somit nur im Gültigkeitsbereich der Gleichung

$$\sin x \approx x,$$

d. h. für kleine Frequenzen anwendbar.

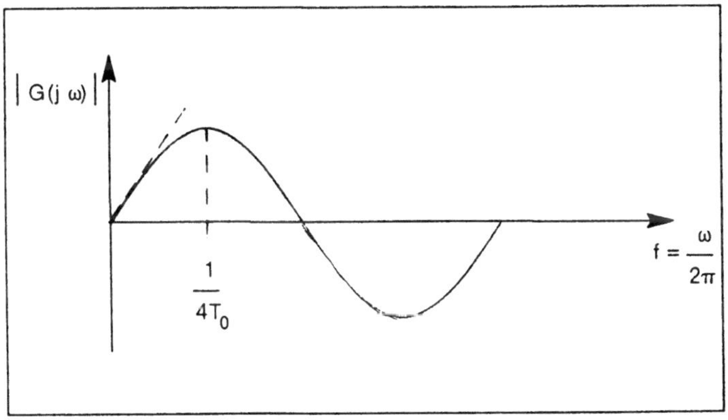

Bild 6.11 Amplitudengang des klassischen Differentiations-algorithmus

Der Anstieg des Amplitudenganges im Frequenzbereich oberhalb der Nutzfrequenz des Eingangssignals ist für das Anheben des Rauschpegels verantwortlich.
Der Einsatz dieses Differenzierers ist für die Probleme, in denen eine hohe Datengüte gefordert wird, nicht sinnvoll.

Idealer Differenzierer Frequenzgang

Der Frequenzgang des idealen Differenzierers hat ein lineares Verhalten im Bereich der normierten Frequenz $f_0 = 1/T_0$, d.h. bis $f_0/2$.

Der Sägezahn des Frequenzganges (Bild 6.12) resultiert aus der periodischen Fortsetzung des linearen Frequenzganges eines idealen Differenzierers.

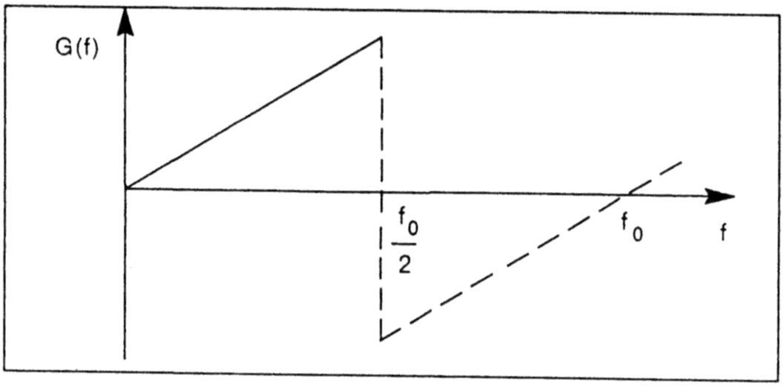

Bild 6.12 Frequenzgang eines idealen Differenzierers

Idealer Differenzierer Fensterfunktion

Die Koeffizienten der Fourierentwicklung des linearen Frequenzganges in Bild 6.12 sind gleich den Gewichten g(m) der Fensterfunktion.

$$g(m) = \frac{f_0}{2} \frac{(-1)^m}{m}$$

$$g(-m) = -g_D(+m)$$

$$g(0) = 0$$

Algorithmus

Der Algorithmus n-ter Ordnung zur einfachen Differentiation ist mit der Ausführung der Faltung von g(m) und x(k) gegeben.

$$\dot{x}(k) = g(m) * x(k)$$

$$\dot{x}(k) = \sum_{l=0}^{2n} g(l-n)\, x(k-l)$$

Differenzierer 4. Ordnung

Als konkretes Beispiel wird der Algorithmus eines Differenzierers der Ordnung 4, d. h. mit 8 Stützwerten, angegeben.

$$\dot{x}(k) = \frac{f_0}{2}\Big[-\frac{1}{4}x(k) + \frac{1}{3}x(k-1) - \frac{1}{2}x(k-2) + x(k-3) - x(k-5) + \frac{1}{2}x(k-6) - \frac{1}{3}x(k-7) + \frac{1}{4}x(k-8)\Big]$$

Differentiation mit Tiefpaßverhalten

In Bild 6.13 ist das gewünschte Frequenzverhalten eines einfachen Differenzierers mit Tiefpaßverhalten skizziert. Im Bereich des Nutzspektrums ist der Amplitudengang proportional der Frequenz. Für Frequenzen größer der maximalen Nutzfrequenz f_{m_0} wird eine Verstärkung von 0 angestrebt.

Amplitudengang

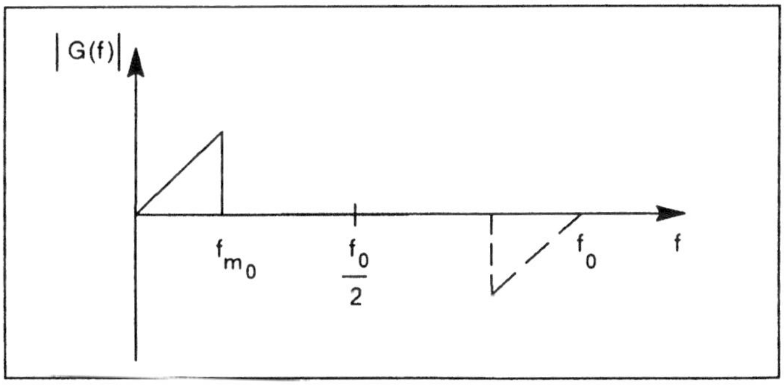

Bild 6.13 Amplitudengang eines Differenzierers mit Tiefpaßverhalten

Die Ableitung des Algorithmus für g(k) wird nach dem eingangs behandelten Entwurfsverfahren durchgeführt.

Fensterfunktion

$$g(k) = \frac{f_0}{2\pi k}\Big[\frac{1}{\pi k}\sin 2\pi k\frac{f_{m_0}}{f_0} - 2\frac{f_{m_0}}{f_0}\cos 2\pi k\frac{f_{m_0}}{f_0}\Big]$$

$$g(-k) = -g(k)$$

$$g(0) = 0$$

Faltung

$$\dot{x}(k) = g(m) * x(u)$$

$$\dot{x}(k) = \sum_{l=0}^{2n} g(l-n)\, x(k-l)$$

Algorithmus (n=12) Zur Veranschaulichung dient ein Beispiel, bei dem n = 12 und $f_{m_0}/f_0 = 1/8$ gewählt wurde.

$$\begin{aligned}\dot{x}(k) = & -0{,}08289\ x(k) - 0{,}07133\ x(k-1) - 0{,}012665\ x(k-2)\\ & + 0{,}06708\ x(k-3) + 0{,}124337\ x(k-4) - 0{,}08219\ x(k-5)\\ & + 0{,}035180\ x(k-6) - 0{,}104834\ x(k-7) - 0{,}24867\ x(k-8)\\ & - 0{,}33390\ x(k-9) + 0{,}31662\ x(k-10) - 0{,}192156\ x(k-11)\\ & + 0{,}192156\ x(k-13) + 0{,}31662\ x(k-14) + 0{,}33390\ x(k-15)\\ & + 0{,}24867\ x(k-16) + 0{,}104834\ x(k-17) - 0{,}035180\ x(k-18)\\ & + 0{,}08219\ x(k-19) - 0{,}124337\ x(k-20) - 0{,}06708\ x(k-21)\\ & + 0{,}012665\ x(k-22) + 0{,}07133\ x(k-23) + 0{,}08289\ x(k-24)\end{aligned}$$

Die Frequenz f_0 ist gleich der Abtastfrequenz der Werte x. In der angegebenen Beziehung ergibt sich die Ableitung von x aus den letzten 24 zurückliegenden x-Werten. x(k) ist demnach bei einem linearen Phasengang um 12 Zeittakte $T_0 = 1/f_0$ verschoben.

zweifache Differentiation Die zweifache Differentiation kann durch Hintereinanderschaltung zweier einfacher Ableitungen durchgeführt werden.

Abhängig vom System kann es zweckmäßig sein, die zweite Ableitung direkt zu bestimmen. Der Frequenzgang der zweifachen Differentiation ist proportional dem Quadrat der Frequenz. Hohe Frequenzanteile erfahren somit eine große Verstärkung. Gewünscht wird ein Algorithmus, der im Nutzspektrum eine zweifache Differentiation ausführt und die darüber liegenden Frequenzen, d. h. das Rauschen, unterdrückt (Bild 6.14).

gewünschter Amplitudengang

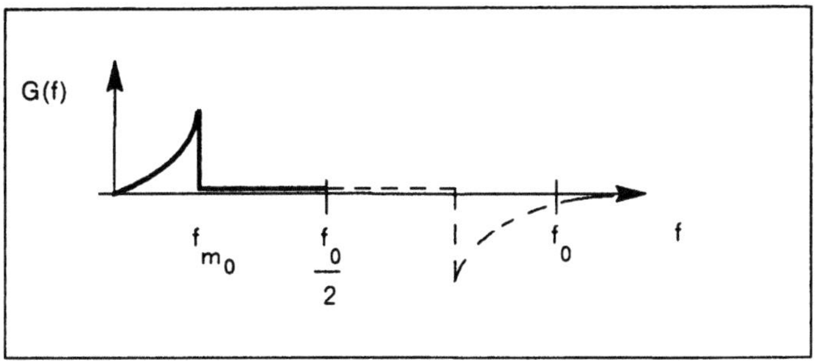

Bild 6.14 geforderter Frequenzgang einer zweifachen Differentiation mit Tiefpaßverhalten

Fensterfunktion

Die Gewichtsfaktoren g(k) der Fensterfunktion entsprechen den Koeffizienten der Fourierentwicklung.

$$g(k) = f_0^2\left[\frac{1}{2\pi k^2}\,\frac{f_{m_0}}{f_0}\sin 2\pi k\,\frac{f_{m_0}}{f_0} - \left(\frac{1}{2k}\left(\frac{f_{m_0}}{f_0}\right)^2 - \frac{1}{4\pi^2 k^3}\right)\cdot \cos 2\pi k\,\frac{f_{m_0}}{f_0} - \frac{1}{4\pi^2 k^3}\right]$$

$$g(-k) = -g\ (k)$$

$$g(0) = 0$$

Der Kehrwert der Frequenz f_0 ist die Abtastzeit T_0 des Systems.

Faltung

$$\ddot{x}(k) = g(m) * x(k)$$

$$\ddot{x}(k) = \sum_{l=0}^{2n} g(l-n)\ \ x(k-l)$$

Algorithmus (n=16)

Wird in den obigen Gleichungen f_{m_0} / f_0 gleich 1/8, f_0 gleich 25 Hz (Zeittakt T + $1/f_0$ = 40 ms) und n = 16 gewählt, so ergibt sich nachfolgender Algorithmus zur zweifachen Differentiation. Die Beschleunigung $\ddot{x}(k)$ berechnet sich aus den letzten 32 Ortswerten und ist im Mittel um 16 Takte, d. h. 640 ms, verzögert.

$$
\begin{aligned}
\ddot{x}(k) = &+ 0{,}0309208 \; x(k) + 0.0274163 \; x(k-1) + 0{,}0075968 \; x(k-2) \\
&- 0{,}0203891 \; x(k-3) - 0{,}0393711 \; x(k-4) - 0{,}0371017 \; x(k-5) \\
&- 0{,}0109942 \; x(k-6) + 0{,}0285122 \; x(k-7) + 0{,}0618416 \; x(k-8) \\
&+ 0{,}0695155 \; x(k-9) + 0{,}0424214 \; x(k-10) + 0{,}0380868 \; x(k-11) \\
&- 0{,}0735562 \; x(k-12) - 0{,}1141449 \; x(k-13) - 0{,}1144489 \; x(k-14) \\
&- 0{,}0709315 \; x(k-15) + 0{,}0709315 \; x(k-17) + 0{,}1144489 \; x(k-18) \\
&+ 0{,}1141449 \; x(k-19) + 0{,}0735562 \; x(k-20) - 0{,}0380868 \; x(k-21) \\
&- 0{,}0424214 \; x(k-22) - 0{,}0695155 \; x(k-23) - 0{,}0618416 \; x(k-24) \\
&- 0{,}0285122 \; x(k-25) + 0{,}0109942 \; x(k-26) + 0{,}0371017 \; x(k-27) \\
&+ 0{,}0393711 \; x(k-28) + 0{,}0203891 \; x(k-29) - 0{,}0075968 \; x(k-30) \\
&- 0{,}0274163 \; x(k-31) - 0{,}0309208 \; x(k-32)
\end{aligned}
$$

7 Digitale Regler

Die Abbildung digitaler Regler in Algorithmen und damit in Software eröffnet deutlich größere Möglichkeiten des Reglerentwurfs als im kontinuierlichen Bereich. Die Realisierung eines komplexen Reglers mit einigen Pol- und Nullstellen bedeutet im Diskreten lediglich andere Parameter in der Software.

Auch Änderungen am Regler oder an den Parametern sind gegenüber den in Hardware aufgebauten Reglern im Kontinuierlichen kostengünstig durchzuführen.

Entwurfsverfahren

Durch diese leichte Umsetzbarkeit von Regelkonzepten im Diskreten werden völlig neue Reglerentwurfsverfahren für digitale Regler realisierbar. Auch bereits vorliegende theoretische Entwurfsverfahren können jetzt mit vertretbarem Aufwand in die Praxis umgesetzt werden.

Das Bild 7.1 beschreibt den Ablauf der Entwicklung eines digitalen Regelungssystems. Der zu regelnde Prozeß wird im ersten Schritt analysiert und mit Übertragungsfunktionen beschrieben. Die Übertragungsfunktionen stellen das Modell des Prozesses dar. Neben der Prozeßmodellierung ist für den Reglerentwurf eine Untersuchung der Eingangs- u und Störsignale n von Bedeutung.

Die Auswahl des Reglerentwurfsverfahrens und des Reglertyps hängt von der Modellierbarkeit des Prozesses, der Modellierbarkeit der Eingangssignale und den an die Regelung gestellten Anforderungen ab.

Der Reglerentwurf liefert die Grobstruktur des digitalen Reglers und ist in der strukturierten Systementwicklung mit dem funktionalen Entwurf zu vergleichen.

Nun kann die funktionale Systemstruktur mit den Reglerkomponenten in Hardware- und Softwareanteile aufgespalten werden.

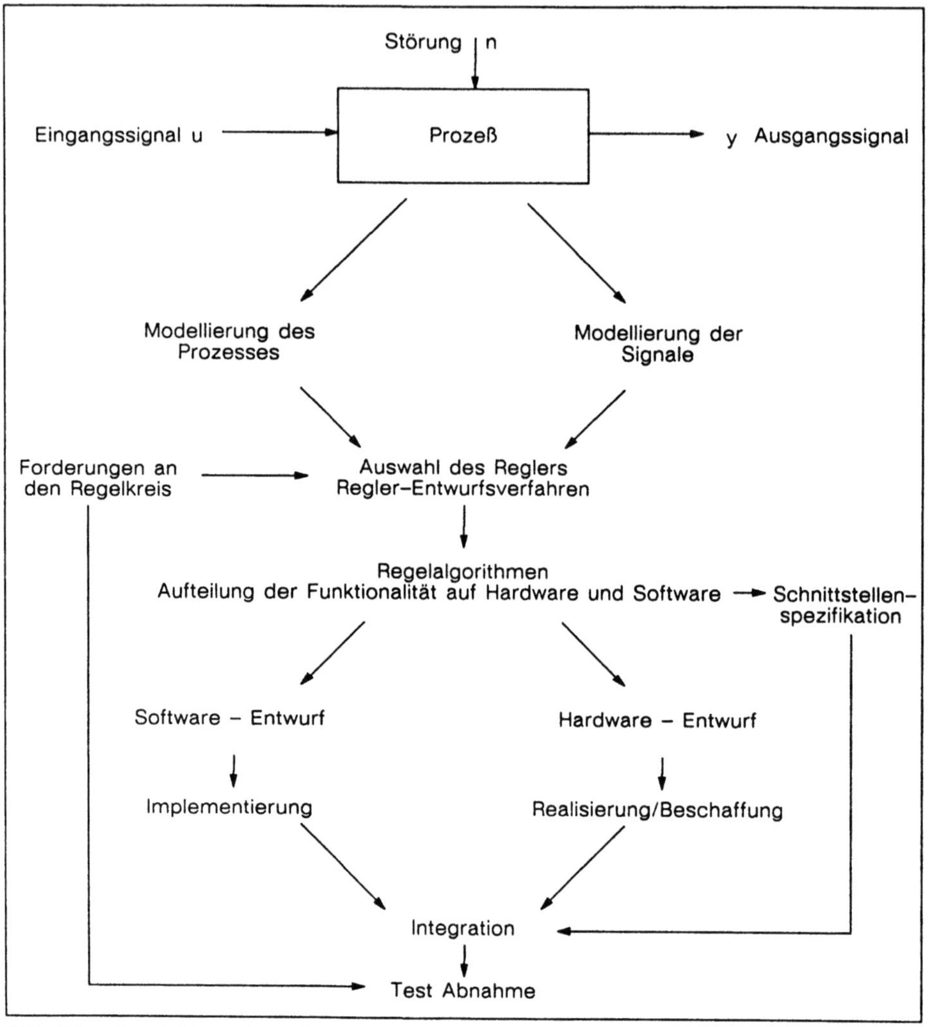

Bild 7.1 Entwicklung eines Regelungssystems

Prozeßmodellierung Soweit zur Modellierung des Prozesses nicht auf bestehende Dokumente oder Meßreihen zurückgegriffen werden kann, sind Messungen durchzuführen. Bei den Meßreihen kann der Prozeß z.B. mit einer Sprungfunktion beaufschlagt werden und durch Analyse der Ausgangssignale ein Prozeßmodell, d.h. eine Übertragungsfunktion ermittelt oder geschätzt werden.

Existiert ein zuverlässiges Prozeßmodell, dann kommen die strukturoptimierten Regler (Bild 7.4 - Strukturoptimierte Regler), d.h. Kompensations- und Zustandsregler, für den Einsatz in Betracht.

Die Reglertypen von Bild 7.2 werden in den nachfolgenden Kapiteln behandelt.

Die Anwendung der Regler muß jedoch in Abhängigkeit von den Störsignalen gesehen werden. Der Kompensationsregler z.B. ist nur bei deterministischen Störungen einsetzbar (s. Signalmodellierung). In die Dimensionierung des Kompensationsreglers gehen desweiteren die Anforderungen an den Regelkreis ein.

Im Gegensatz zu den strukturoptimierten Reglern sind die aus der analogen Regelungstechnik bekannten Regler P, PI, PID **parameteroptimierte Regler**. Parameteroptimierte Regler setzen keine Modellierung des Prozesses voraus.

Signalmodellierung

Die Auswahl des Reglers hängt auch von der Art der Eingangs- und Störsignale ab. Die Signale können deterministisch oder stochastisch sein. Deterministische Signale sind analytisch exakt beschreibbar. Bei stochastischen Signalen kann der zeitliche Verlauf nicht exakt vorausgesagt werden. Ein typischer Vertreter der stochastischen Signale ist "Weißes Rauschen". Die Leistungsdichte des Weißen Rauschens ist über das Frequenzspektrum konstant, d.h. die Vorhersage des Auftretens eines bestimmten Frequenzanteils ist nicht möglich.

Lineare Regler

Die linearen Regler werden in parameteroptimierte Regler und in strukturoptimierte Regler eingeteilt.

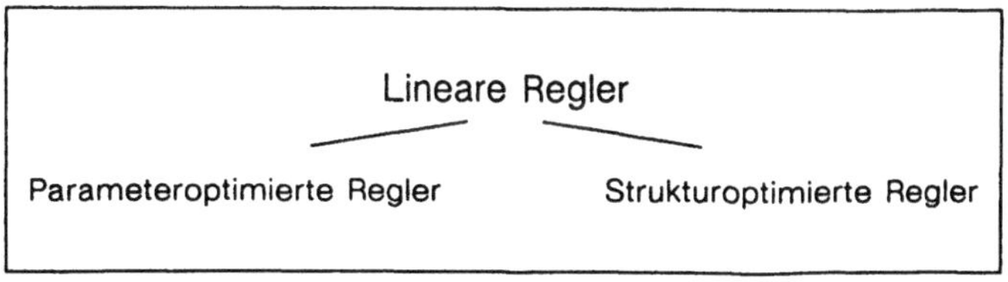

Bild 7.2 Lineare Regler

Parameteroptimierte Regler

Die z-Übertragungsfunkton allgemeiner linearer parameteroptimierter Regler ist der Quotient zweier Polynome.

$$G_R(z) = \frac{A(z)}{B(z)} = \frac{a_0 + a_1\, z^{-1} + \ldots .\ a_n\, z^{-n}}{b_0 + b_1\, z^{-1} + \ldots .\ b_m\, z^{-m}}$$

Da sich die Wahl der Parameter a_i und b_i in der Praxis recht schwierig gestaltet, werden für n und m kleine Werte gewählt. Die Wahl von a_i und b_i bei m, n > 2 erfolgt teils empirisch oder stützt sich auf Erfahrungswerte. Die Betrachtung von Grenzwerten, eingeschwungenen Zuständen, Quersummen der Parameter a_i und b_i und Wert der Quotienten aus Quersumme über a_i und b_i haben sich in der Praxis als sehr hilfreich und effektiv bei der Einstellung der Parameter bewährt.

Die aus dem Zeitkontinuierlichen bekannten Regler P, PI, PD, PID sind mit m, n $\leq$ 2 durch den allgemeinen parameteroptimierten Regler beschrieben. Für den Entwurf der parameteroptimierten Regler wird auf die gängige Literatur verwiesen.

Parameteroptimierte Regler

P-Regler

PI-Regler

PD-Regler

PID-Regler

allgemeine parameteroptimierte Regler

Bild 7.3 Parameteroptimierte Regler

Die Transformation der parameteroptimierten Regler m, n $\leq$ 2 aus dem zeitkontinuierlichen in den zeitdiskreten Raum wird in Kapitel 5 behandelt.

Die parameteroptimierten Regler sind sowohl bei deterministischen als auch bei stochastischen Störungen einsetzbar. Bei der Auslegung der Parameter sollte jedoch die Art der Störungen berücksichtigt werden.

Strukturoptimierte Regler

Die strukturoptimierten Regler werden in Kompensations- und Zustandsregler unterteilt. Beim klassischen Kompensationsregler wird ein Übertragungsverhalten für den Regelkreis vorgegeben. Der Regler wird so ausgelegt, daß der Prozeß teilweise oder vollständig kompensiert wird. Beim Deadbeatregler wird eine Regelung so vorgenommen, daß eine vorgegebene endliche Einstellzeit auf einen Sollwert erreicht wird. Der Minimal-Varianz-Regler kompensiert die Strecke mit dem Ziel, eine vorgegebene (minimale) Varianz des Ausgangssignals einzuhalten.

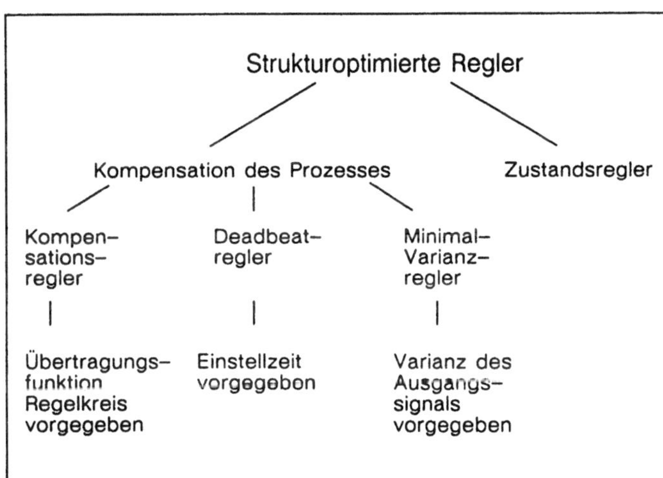

Bild 7.4 Strukturoptimierte Regler

Die strukturoptimierten Regler sind mit Ausnahme des Zustandsreglers bei stochastischen Störungen nicht einsetzbar.

In den folgenden Unterkapiteln wird der Kompensationsregler, Regler für endliche Einstellzeit und der Zustandsregler behandelt. Auf eine detaillierte Herleitung von Zwischengrößen wird wegen der Übersichtlichkeit verzichtet und auf die entsprechende Literatur verwiesen.

7.1 Kompensationsregler

Der Name des Regler beinhaltet das Prinzip des Verfahrens. Das Verhalten des Prozesses soll durch den Regler kompensiert werden.

Steuerung

Bei einer vollständigen Kompensation des Verhaltens der Strecke verhält sich der Ausgang y(k) wie der Eingang w(k) des Systems.

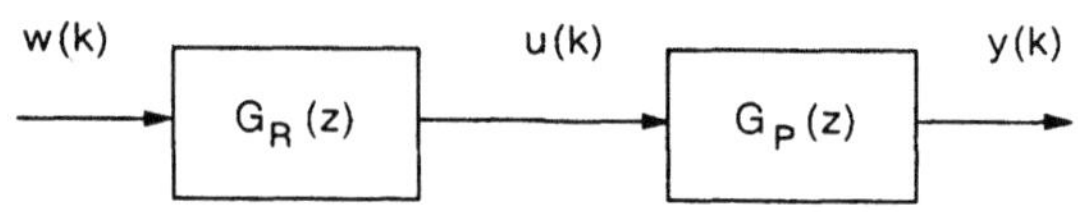

$$y(k) = w(k)$$

$$G_w(z) = G_R(z)\, G_P(z) \overset{!}{=} 1$$

$$G_R(z) = \frac{1}{G_P(z)}$$

Bild 7.5 Vollständige Kompensation des Prozesses

Die Übertragungsfunktion G_R (z) ist die inverse Funktion des Prozesses G_P (z). Wird dies erreicht, so ist eine Rückkopplung nicht notwendig, da keine Ablage zwischen Eingangs- und Ausgangsgröße vorhanden ist. Es handelt sich somit um eine Steuerung der Strecke.

Regelung

In der Praxis ist eine vollständige Kompensation nicht realisierbar. Die Ausgangsgröße y(k) wird negativ zurückgekoppelt und die Ablage zur Ausregelung bestimmt. Bei der Beibehaltung des Prinzips der Kompensation des Prozesses oder der teilweisen Kompensation handelt es sich um einen Kompensationsregler.

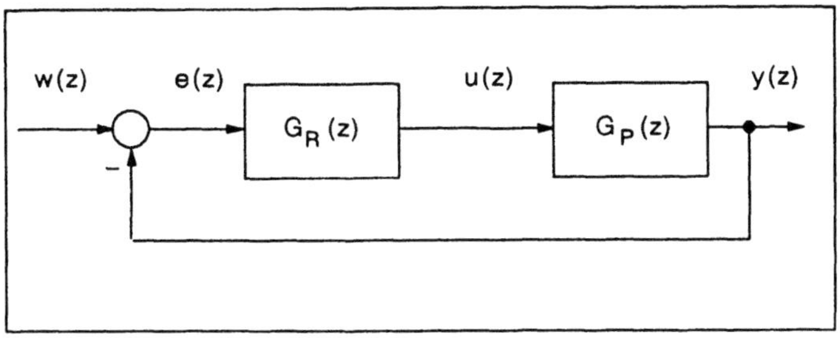

Bild 7.6 Unvollständige Kompensation des Prozesses

Prinzip

Zur Berechnung der z-Übertragungsfunktion des Kompensationsreglers $G_R(z)$ ist das geforderte Führungsübertragungsverhalten $G_w(z)$ des Regelkreises anzugeben.

$$G_w(z) = \frac{y(z)}{w(z)} = \frac{G_P(z)\, G_R(z)}{1 + G_P(z)\, G_R(z)}$$

Die obige Gleichung kann nach $G_R(z)$ aufgelöst werden. Die Reglerübertragungsfunktion hängt von der Übertragungsfunktion des Prozesses, die nicht exakt bekannt sein muß, und der geforderten Führungsübertragungsfunktion $G_w(z)$ ab.

$$G_R(z) = \frac{1}{G_P(z)} \cdot \frac{G_w(z)}{1 - G_w(z)}$$

Der Kompensationsregler "lebt" von der Ablage zwischen w(z) und y(z). Dies zeigt sich in der Gleichung für $G_R(z)$ im Nenner $1\text{-}G_w(z)$. Wird $G_w(z)$ gleich 1 gefordert, d. h. Ausgang y(z) gleich Eingang w(z), so kann wegen der Polstelle der Regler nicht bestimmt werden. Die Forderung $G_w(z)$ gleich 1 ist ein Idealzustand, der aber nicht realisierbar ist.

7.2 Regler für endliche Einstellzeit

Der Entwurf des Deadbeatreglers zielt auf ein Einschwingen des Reglers auf die Führungsgröße nach einer endlichen Zeit ab. In dem Entwurf wird als Führungsgröße ein fester Wert gewählt, d. h. der Reglerentwurf kann bei dem gewählten Entwurf nur für Festwertregelungen angewendet werden. Bei einer dynamischen Führungsgröße kann das Regelverhalten durch Überlagerung und Fortschreibung von festen Eingangswerten ermittelt werden. Für das Gesamtverhalten gilt das Superpositionsprinzip.

Prinzip

Beim Deadbeatregler wird sowohl für die Ausgangsgröße y(k) als auch für die Stellgröße u(k) nach einer bestimmten Anzahl von Zeittakten ein fester Wert gefordert. Als Eingangsgröße w(k) wird ein Sprung vorgegeben. Die fest vorgegebene Taktzahl zum Erreichen des Sollwertes am Ausgang bedingt die Unterbringung eines Gesamtstell-aufwandes in der vorgegebenen Taktzahl. Bei Wahl einer kleinen Anzahl von Zeittakten zum Erreichen der Sollgröße kann dies zu sehr großen Stellgrößen u(k) führen. Da in praktischen Systemen die theoretisch notwendige Stellgröße durch die Hardware, z.B. D/A Wandler oder Antriebe begrenzt wird, ist die Einhaltung der geforderten Einstellzeit nicht gewährleistet.

Mit den geforderten Stellwerten und Ausgangswerten nach einer fest vorgegebenen Anzahl von Zeittakten und der Kenntnis des Übertragungsverhaltens des Prozesses kann der Regelalgorithmus berechnet werden. Der Deadbeatregler kompensiert gezielt auf den Sollwert nach der vorgegebenen Einschwingzeit den Prozeß. Somit ist für die Berechnung des Deadbeatreglers auch die Kenntnis der Übertragungsfunktion des Prozesses notwendig.

Forderungen

Der Regler soll so konstruiert sein, daß die Ausgangsgröße y(k) nach n Zeittakten den Eingangswert w(k) angenommen hat und die Stellgröße u(k) konstant ist.

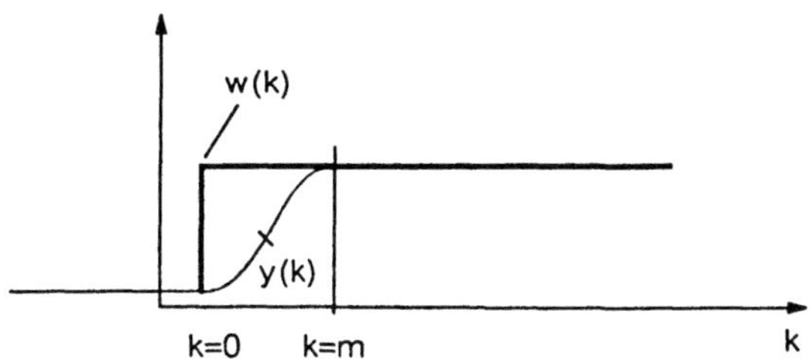

$y(k) = w(k) = 1 \qquad \text{für } k \geq m$

$u(k) = u(m) = \text{const.} \qquad \text{für } k \geq m$

$$w(z) = \frac{1}{1 - z^{-1}}$$

Bild 7.7 Forderungen an den Deadbeatregler

Beschreibung des Systems

Zur Herleitung des Reglers für endliche Einstellzeit wird von einem einschleifigen Regelkreis ohne Störeinfluß ausgegangen.

Die Übertragungsfunktion des Prozesses ist in einer allgemeinen Form durch den Quotienten zweier Polygnome in z gegeben.

$$G_P(z) = \frac{y(z)}{u(z)} = \frac{B(z)}{A(z)} = \frac{b_0 + b_1 z^{-1} + \dots + b_n z^{-n}}{1 + a_1 z^{-1} + \dots + a_n z^{-n}}$$

Die Führungsübertragungsfunktion des Regelkreises lautet in der z-Ebene:

$$G_W(z) = \frac{y(z)}{w(z)} = \frac{G_R(z)\, G_P(z)}{1 + G_P(z)\, G_R(z)}$$

Herleitung des Algorithmus

Die Forderungen an den Regler werden durch y(z) und u(z) abgebildet.

$$y(z) = y(1)\, z^{-1} + \ldots + y(k \geq m)\, [\, z^{-m} + \ldots\,]$$

Forderung: $y(k \geq m) = 10 + 4$

$$u(z) = u(0) + u(1)\, z^{-1} + \ldots + u(k \geq m)\, [\, z^{-m} + \ldots\,]$$

Forderung: $u(k \geq m) = u(m)$

Werden diese Funktionen y(z) und u(z) durch die Sprungfunktion W(z) dividiert, so entstehen Polynome in z, bei denen Aussagen über die Koeffizienten gemacht werden können.

$$\frac{y(z)}{w(z)} = (1 - z^{-1}) \left[y(1)\, z^{-1} + \ldots + y(k \geq m)\, [\, z^{-m} + \ldots\,] \right]$$

$$= c_0 + c_1 z^{-1} + c_2 z^{-2} + \ldots + c_m z^{-m} = C(z)$$

$$\frac{y(z)}{w(z)} = \ldots = D(z) \quad \text{analog zu } C(z)$$

Betrachtet man die Koeffizienten c_1 bis c_m, so zeigt sich, daß durch die Forderung $y(k \geq m) = 1$ die Summe über c_i gleich 1 ist.

$$c_1 = y(1)$$

$$c_2 = y(2) - y(1)$$

$$c_m = y(m) - y(m-1)$$

$$\sum_i c_i = 1$$

Analog kann mit den Koeffizienten d_i verfahren werden.

Aufbauend auf die Polynome C(z) und D(z) wird unter Verwendung der bekannten Übertragungsfunktion des Prozesses G_R (z) abgeleitet.

Übertragungsfunktion Regler

Die Übertragungsfunktion des Reglers ist der Quotient aus u(z) und e(z), wobei sich die Ablage aus w(z) und y(z) zusammensetzt.

$$G_R(z) = \frac{u(z)}{e(z)} = \frac{u(z)}{w(z) - y(z)} = \frac{\frac{k(z)}{w(z)}}{1 - \frac{y(z)}{w(z)}}$$

$$= \frac{D(z)}{1 - C(z)}$$

Mit Hilfe einer Umformung kann D(z) und C(z) durch G_P (z) ausgedrückt werden.

$$G_P(z) = \frac{y(z)}{u(z)} = \frac{y(z)}{w(z)} \cdot \frac{w(z)}{u(z)} = \frac{C(z)}{D(z)}$$

Die für die Reglerübertragungsfunktion notwendigen Zusammenhänge zwischen e(z), D(z) und G_P (z) sind damit bekannt.

$$G_P(z) = \frac{A(z)}{B(z)} = \frac{C(z)}{D(z)}$$

$$\frac{b_0 + b_1 z^{-1} + \dots + b_m z^{-m}}{1 + a_1 z^{-1} + \dots + a_m z^{-m}} = \frac{c_0 + \dots + c_m z^{-m}}{d_0 + \dots + d_m z^{-m}}$$

Die Summe der Koeffizenten d_i ist gleich u(m). Dies gilt bei w(z) gleich dem Einheitssprung. An der Stelle k=m kann durch die Forderung y(k) = w(k) das w(k) durch y(k) ersetzt werden. Somit gilt:

$$\sum_i d_i = u(m) = \frac{u(m)}{w(m)} = \frac{u(m)}{y(m)} = \frac{1}{G_P(1)}$$

Demnach ist die Beaufschlagung mit einem Einheitssprung Q(z) reziprok zu G_P (z).

$$Q(z) = \frac{1}{G_P(z)} = \frac{B(z)}{A(z)}$$

Die Koeffizienten c_i und d_i werden durch Koeffizientenvergleich aus der obigen Gleichung bestimmt.

Algorithmus

Zusammenfassend ist der Algorithmus des Reglers für endliche Einschwingzeit mit nachfolgenden Beziehungen zu beschreiben.

$$G_R(z) = \frac{D(z)}{1 - C(z)} = \frac{c_0 + c_1 z^{-1} + \ldots + c_m z^{-m}}{1 - d_0 + d_1 z^{-1} + \ldots + d_m z^{-m}}$$

Die Koeffizienten c_i und d_i werden mit den oben abgeleiteten Beziehungen berechnet.

7.3 Zustandsregelung

Die bisher behandelten Verfahren zum Entwurf von digitalen Reglern sind bei Systemen mit nur einer Ein- und Ausgangsgröße geeignet. Bei Systemen mit mehreren Ein- und Ausgangsgrößen, d.h. bei gekoppelten Systemen, führt man zweckmäßigerweise eine Entkopplung der Systeme durch und entwirft dann für jedes Teilsystem einen Regler. Dieser Lösungsweg ist gangbar, soweit eine Entkopplung der Systeme möglich ist.

Mit Entwurfsverfahren im Zustandsraum können sowohl Einfachsysteme als auch Mehrfachsysteme behandelt werden. Insbesondere bei Mehrfachsystemen kommt die Leistungsfähigkeit der Zustandsbetrachtung voll zum Tragen.

Zustandsraum

Die Zustandsraumverfahren setzen auf die Beschreibung der Systemzustände nach Kapitel 4.6 auf.

$$y(k) = \mathbf{C}\, x(k) + \mathbf{D}\, u(k)$$
$$x(k+1) = \mathbf{A}\, x(k) + \mathbf{B}\, u(k)$$

Zustandsvektor

Die Zustandsregelungen beziehen den komplexen Zustandsvektor **x**(k) ein. Der Zustandsvektor **x**(k) muß somit vollständig bekannt sein, d.h. er muß von der Meßmatrix **C** geliefert werden. Die Messung kann teilweise recht aufwendig oder bei rein mathematisch existierenden Systemzuständen nicht möglich sein. Wenn die Zustandsgrößen nicht meßbar sind, muß ein Zustandsbeobachter in den Regelungssystemen integriert werden. Die Beobachtung setzt wiederum die Beobachtbarkeit der Zustände voraus. Zustandsbeobachtung und Zustandsschätzverfahren werden im Kapitel 9 behandelt.

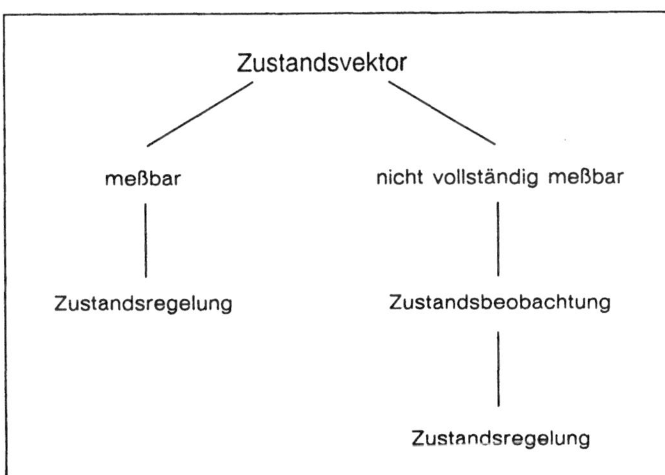

Bild 7.10 Zustandsvektor meßbar / nicht meßbar

7.3.1 Zustandsregelung ohne Beobachter

Bei vollständiger Meßbarkeit des Zustandsvektor wird der Zustandsregler **R** in die Rückführung des Zustandsvektors gelegt. Zur Beeinflussung des Führungsverhaltens wird die Führungsvektor **w** mit einem Vorfilter **S** in $\mathbf{u}_s$ transformiert.

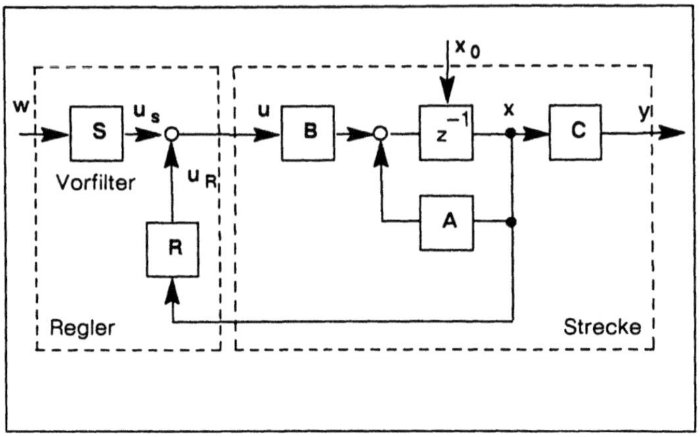

Bild 7.11 Struktur einer Zustandsregelung ohne Beobachter

Die Nachführung der Strecke (**y**(k) nach **w**(k)) wird vom Regler **R** und dem Vorfilter **S** durchgeführt. Der Regler **R** übernimmt die Überführung der Strecke vom jeweiligen Anfangszustand $\mathbf{x}_0$ in den gewünschten nächsten Zustand **x**(k) des Systems.

Vorfilter S

Das Führungsübertragungsverhalten des digitalen Regelungssystems wird mit dem Vorfilter **S**(z) eingestellt.

Zur Bestimmung der Matrix des Vorfilters **S** nach dem Kompensationsprinzip wird die Führungsübertragungsfunktion der Strecke mit dem Regler **R** in der Rückkopplung angegeben.

$$\mathbf{y}(z) = \mathbf{C}(z)\ \mathbf{x}(z)$$

$$\frac{\mathbf{y}(z)}{\mathbf{x}(z)} = \mathbf{C}(z)$$

$$\mathbf{x}(z) = z^{-1}\left[\ \mathbf{A}(z)\ \mathbf{x}(z) + \mathbf{B}(z)\left[\mathbf{R}(z)\ \mathbf{x}(z) + \mathbf{u}(z)\right]\right]$$

$$\frac{x(z)}{u(z)} = z^{-1} \left[z - A(z) - B(z)\ R(z) \right]^{-1} B(z)$$

$$F(z) = \frac{y(z)}{u(z)} = \frac{y(z)\ x(z)}{x(z)\ u(z)}$$

$$F(z) = C(z) \left[z - A(z) - B(z)\ R(z) \right]^{-1} B(z)$$

Mit der Forderung $y(z) = w(z)$ ist $S(z)$ die inverse Funktion von $F(z)$.

$$S(z) = F(z)^{-1} = \left[C(z) \left[z - A(z) - B(z)\ R(z) \right]^{-1} B(z) \right]^{-1}$$

Das Vorfilter **S** ist unter der Annahme, daß **R** eine konstante Matrix ist, auch eine konstante Matrix, d.h. es handelt sich bei **S**(z) um eine proportionale Übersetzung der Führungsvektor **w**(k) in $\mathbf{u}_S(k)$.

Reglermatrix R

Mit der Reglermatrix R wird der gesamte Zustandsvektor x(k) proportional zurückgeführt. Es handelt sich bei **R**(z) um eine proportionale Rückführung mit maximal n^2 (n - Anzahl der Systemzustände) proportionalen Matrixelementen.

Die Reglermatrix **R** kann nach folgenden Verfahren bestimmt werden:
- Matrix Riccatigleichung
- Polvorgabe
- Entwurf auf endliche Einstellzeit im Zustandsraum

Für die Auslegung der Reglermatrix wird auf weitergehende Literatur verwiesen.

7.3.2 Zustandsregelung mit Beobachter

Ist die Meßbarkeit des Zustandsvektors **x** nicht gegeben, so kann er durch den Einsatz eines Beobachters ermittelt werden. Der Beobachter wird zwischen die Meßmatrix **C** und den Regler **R** geschaltet. Die Behandlung des Beobachters und des Zustandsschätzverfahrens wird im Kapitel 9 durchgeführt. Hier soll nur der strukturelle Aufbau einer Zustandsregelung mit Beobachter beschrieben werden.

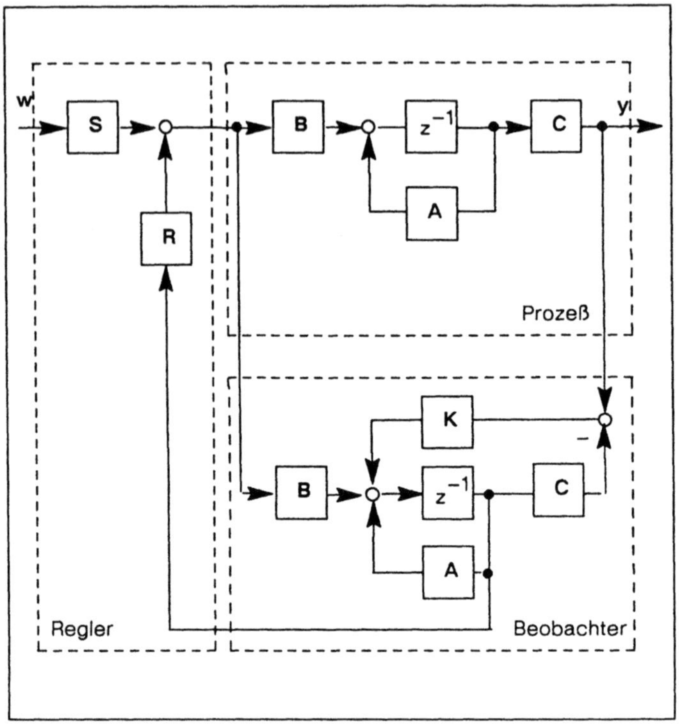

Bild 7.10 Struktur einer Zustandsregelung mit Beobachter

Im Beobachter wird der Prozeß mit den Matrizen **A**, **B** und **C** modelliert. Die im Prozeß nicht meßbaren Zustandsgrößen sind somit im modellierten Prozeß, dem Zustandsbeobachter, abgreifbar. Die Auslegung der Beobachtermatrix K wird im Kapitel 9.3 - Beobachter im Diskreten - abgeleitet.

Die Regelung und Nachführung der Strecke übernehmen wie in der Zustandsregelung ohne Beobachter, die Reglermatrix **R** und das Vorfilter **S**. Auch die Auslegung von **R** und **S** wird durch die Zwischenschaltung eines Beobachters nicht beeinflußt.

8 Stabilitätskriterien im zeitdiskreten Bereich

Eine der Grundforderungen an ein regelungstechnisches System ist stabiles Verhalten. Die Forderung nach Stabilität ist unabhängig von der Betrachtung im zeitkontinuierlichen oder im zeitdiskreten Bereich. Die aus der klassischen Regelungstechnik bekannten Stabilitätskriterien gelten grundsätzlich auch in der zeitdiskreten Betrachtung.

Der Sinn der Stabilitätskriterien besteht einerseits darin, zu erkennen, ob ein System stabil ist und andererseits als Richtlinie für die Systemauslegung. Somit sind schon beim Entwurf des Systems die Stabilitätskriterien zu berücksichtigen.

In zeitdiskreten Systemen muß das Verhalten des Systems in den Abtastzeitpunkten und zwischen den Abtastzeitpunkten bezüglich stabilem Verhalten untersucht werden. Im allgemeinen ist eine Stabilitätsuntersuchung in den Abtastzeitpunkten ausreichend. Bei Auslegung der Abtastfrequenz nach den im Abschnitt 2.5 behandelten Grundsätzen ist aus Erfahrung das System zwischen den Abtastzeitpunkten stabil, wenn die Stabilität in den Abtastzeitpunkten gegeben ist. Deshalb wird in diesem Buch auf eine Untersuchung der Stabilität zwischen den Abtastzeitpunkten verzichtet.

In diesem Kapitel werden die wesentlichen Stabilitätskriterien im zeitdiskreten Bereich für die Abtastzeitpunkte behandelt.

BIBO Stabilität

Die aus der amerikanischen Literatur bekannte Formulierung BIBO - Bounded Input-Bounded Output - besagt, daß ein System dann stabil ist, wenn ein beschränkter Eingangszustand einen beschränkten Ausgangszustand zur Folge hat (siehe Abschnitt 4.1).

Im zeitdiskreten besagt BIBO, daß das System bei einer beschränkten Eingangsfolge u(k) eine beschränkte Ausgangsfolge y(k) für alle k liefern wird.

$$|u(k)| \leq M_1 < \infty$$

$$|S\{ u(k) \}| = | y(k) | \leq M_2 < \infty$$

für $k \in N_+$

Das damit beschriebene Übertragungsverhalten des Systems S ist nach 4.1 im zeitdiskreten durch die Gewichtsfunktion g(k) gegeben. BIBO abgebildet auf die Gewichtsfunktion besagt, daß die Ausgangsfolge y(k) bei einer beschränkten Eingangsfolge u(k) dann beschränkt ist, wenn die Summe der Gewichte g(k) beschränkt ist.

$$\sum_{k=0}^{\infty} | g(k) | < \infty$$

Diese Bedingung wird im z-Bereich eingehalten für $| z | \geq 1$, da jedes Glied der Summe

$$G(z) = \sum_{k=0}^{\infty} g(k)\, z^{-k}$$

für $| z | \geq 1$ kleiner oder gleich $g(k)$ ist.

Grundlegendes Stabilitätskriterium

Das System ist somit dann stabil, wenn auf ($|z| = 1$) oder außerhalb ($|z| > 1$) des Einheitskreises der z-Ebene keine Polstellen von G(z) liegen, wobei G(z) eine rationale Funktion ist. Nach FÖLLINGER ist dies das grundlegende Stabilitätskriterium.

Bisher wurde die Betrachtung auf G(z) oder g(k) abgestützt. Das System wurde als Ganzes von außen betrachtet und Bedingungen für die Gewichte g(k) und die Polstellen von G(z) formuliert. In die Überlegungen wurde bisher die innere Struktur des Übertragungssystems nicht einbezogen.

BIBO und das grundlegende Stabilitätskriterium gelten für rekursive und nichtrekursive Systeme mit der Übertragungsfunktion G(z). Bei Betrachtung der inneren Struktur, insbesondere bei rekursiven Systemen können hinsichtlich der Stabilität weitergehende Aussagen geliefert werden.

Rückgekoppelte Systeme

Die Stabilitätsuntersuchungen für rückgekoppelte, regelungstechnische Systeme setzen auf die charakteristische Gleichung der Systeme auf. Ausgehend von der Vorwärtsübertragungsfunktion $F_0(z)$ der offenen Schleife wird das Führungs- und Störübertragungsverhalten angegeben.

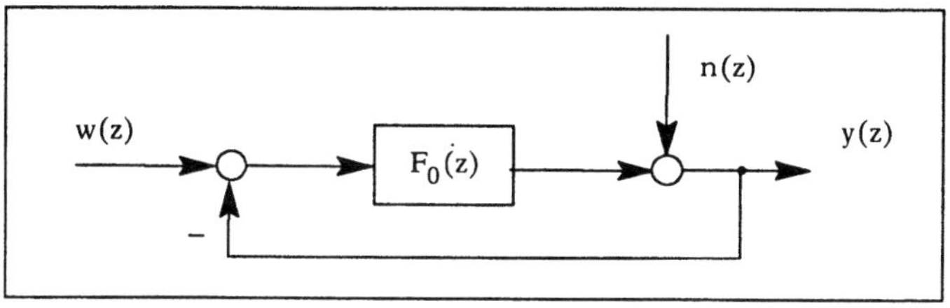

Bild 8.1 Einfaches rückgekoppeltes System

Die aus dem Bild 8.1 entnommenen Beziehungen für y(z) unter Berücksichtigung von n(z) oder w(z)

$$y(z) = \left(w(z) - y(z) \right) F_0(z)$$

$$y(z) = n(z) - y(z) \;\; F_0(z)$$

liefern die Führungs- und Störübertragungsfunktion.

Führungsübertragungsfunktion

$$F(z)_{wy} = \frac{F_0(z)}{1 + F_0(z)}$$

Störungsübertragungsfunktion

$$F(z)_{ny} = \frac{1}{1 + F_0(z)}$$

Charakteristische Gleichung

Das Stabilitätsverhalten hinsichtlich der Führungsgröße w und der Störgröße n wird durch die Beziehung $1 + F_0(z)$ im Nenner geprägt. Die Beziehung $1 + F_0(z)$ wird die charakteristische Gleichung des Systems genannt. Bei der im Bild 8.1 gezeigten Systemstruktur ist die charakteristische Gleichung für das Führungs- und Störverhalten gleich.

Charakteristische Gleichung

$$1 + F_0(z) = 0$$

Die Nullstellen der charakteristischen Gleichung sind die Polstellen des geschlossenen Regelkreises. Das zuvor behandelte grundlegende Stabilitätskriterium fordert, daß in der z-Ebene keine Polstellen auf oder außerhalb des Einheitskreises liegen dürfen. Die charakteristische Gleichung darf somit keine Nullstellen auf oder außerhalb des Einheitskreises besitzen. Die Stabilität des Systems hängt von der Lage der Nullstellen der charakteristischen Gleichung ab. Es muß beim Regelkreisentwurf darauf geachtet werden, daß die Nullstellen innerhalb des Einheitskreises liegen. Die Stabilitätsbetrachtung ist damit in eine Nullstellenuntersuchung überführt worden.

s-Ebene / z-Ebene

Die Stabilität von Systemen im zeitkontinuierlichen Bereich ist bekanntlich gegeben, wenn die Nullstellen der charakteristischen Gleichung $1 + F_0(z)$ in der linken s-Halbebene liegen. Diese Aussage wird mit Hilfe der Transformationsvorschrift zwischen der z-Ebene und der s-Ebene in den z-Bereich abgebildet.

Die folgende Beziehung zwischen s- und z-Ebene (siehe 4.4 / Bild 4.8)

$$s = \frac{z - 1}{z + 1} \qquad z = e^{st}$$

bildet die linke s-Halbebene in das Innere des Einheitskreises der z-Ebene ab. Das klassische Stabilitätskriterium in der Frequenzebene - keine Nullstellen der charakteristischen Gleichung in der rechten s-Halbebene - ist damit identisch mit der Aussage über die Stabilität in der z-Ebene - keine Nullstellen der charakteristischen Gleichung außerhalb des Einheitskreises in der z-Ebene.

Verfahren in der Frequenzebene

Die klassischen Verfahren in der Frequenzebene (bei zeitkontinuierlicher Betrachtung) können mit Hilfe der Abbildungsvorschrift in die z-Ebene transformiert werden. In der Praxis wird jedoch häufiger die Auslegung des Regelkreises und die Stabilitätsuntersuchung im Zeitkontinuierlichen unter Anwendung der Verfahren der Frequenzebene vorgenommen und die Reglerübertragungsfunktion nach Zugabe einer Stabilitätsreserve in den z-Bereich transformiert.

9 Zustandsschätzverfahren

Aufgabe

Die Verfahren der optimalen Regelung, z.B. das Maximumprinzip von Pontryagin, erfordern die Kenntnis des gesamten Zustandsvektors des Systems. Da meist nur die Ausgangsgrößen meßbar sind, sind die restlichen Zustandsgrößen mit geeigneten Verfahren zu schätzen.

Werden bei der Schätzung der Zustandsgrößen die Störgrößen am Eingang nicht berücksichtigt, so spricht man von einem Beobachter. Bei der Einbeziehung der Störgrößen hingegen handelt es sich um ein Filterverfahren. Beim Filter oder Zustandsschätzer wird die Verstärkungsmatrix K durch Einbeziehung der stochastischen Störgrößen berechnet. Beim Beobachter erfolgt die Wahl von K rein deterministisch.

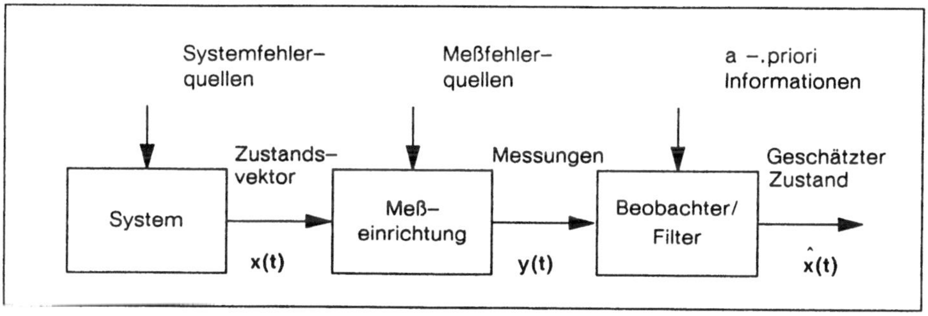

Bild 9.1 Zustandsschätzung eines gestörten linearen dynamischen Systems

Historie

Für den Fall linearer Systeme, die sich in stationärem Zustand befinden, wurde das Schätzproblem in den vierziger Jahren von N. Wiener und A. N. Kolmogorov gelöst. Nichtlineare Systeme wurden ab 1960 von R. E. Kalman, R. S. Bucy, R. L. Stratonovich und H. J. Kushner behandelt. Obige Problemstellung führte zur Entwicklung der sogenannten Filtertheorie. Ein breites Anwendungsfeld der Filtertheorie findet sich in der Verfolgung von Flugzielen. Die Aufgabe dort besteht darin, aus verrauschten Meßdaten den momentanen und künftigen Bewegungszustand (Position, Geschwindigkeit, Beschleunigung) des Ziels zu schätzen. Als Sensor steht dabei normalerweise ein Radar zur Verfügung, der in einem festen Takt Positionsmessungen des Ziels, ausgedrückt durch Distanz, Azimuth und Elevation eines Kugelkoordinatensystems mit Ursprung im Radar liefert.

Früheste Arbeiten auf dem Gebiet der Schätzverfahren können auf C. F. Gauß zurückgeführt werden. Gauß entwickelte die Methode der kleinsten Quadrate und wandte sie bei der Berechnung der Bahn des Planetoiden Ceres 1905 erfolgreich an.

In den folgenden Abschnitten wird auf das α-β-γ Filter, auf Filterung und Beobachtung und das Kalmanfilter eingegangen. Das α-β-γ Filter ist wegen der häufigen praktischen Anwendung mit aufgenommen.

9.1 Alpha - Beta - Gamma - Filter

Zur Verfolgung von Flugzielen werden häufig einfache α-β-γ Filter eingesetzt. Ein α-β-γ Filter setzt sich aus drei gestaffelten Folgesystemen zusammen, wobei jede Stufe von der darüberliegenden gestützt wird, d. h. Stützung durch die nächsthöhere Ableitung. Bild 9.2 zeigt eine Stufe eines α-β-γ Filters.

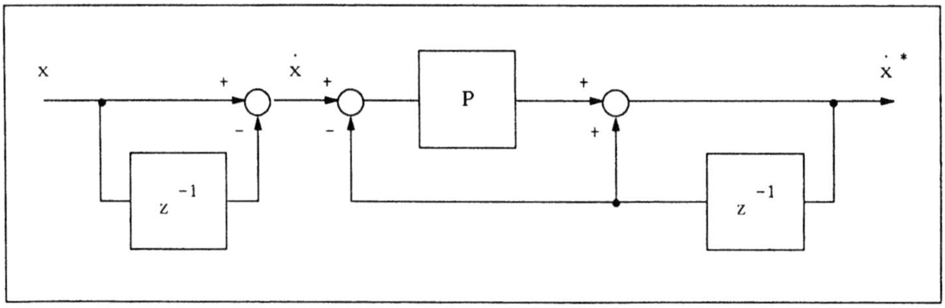

Bild 9.2 Schicht eines α-β-γ Filters

Algorithmus

Der Algorithmus des in Bild 9.2 abgebildeten Folgesystems lautet:

$$\dot{x}^*(k) = \dot{x}^*(k-1) + P\left[(x(k)-x(k-1) - \dot{x}^*(k-1)\right]$$

Übertragungsfunktion

Die Übertragungsfunktion des Algorithmus in der z-Ebene läßt sich durch einfache Umformung gewinnen.

$$G(z) = \frac{P(1 - z^{-1})}{1 - z^{-1}(1 + P)}$$

Das gesamte α-β oder α-β-γ Filter setzt sich aus zwei bzw. drei verschalteten Folgesystemen vom Typ gemäß Bild 9.2 zusammen. Bild 9.3 zeigt eine praktische Realisierung eines α-β-γ Filters zur Verfolgung von Flugobjekten.

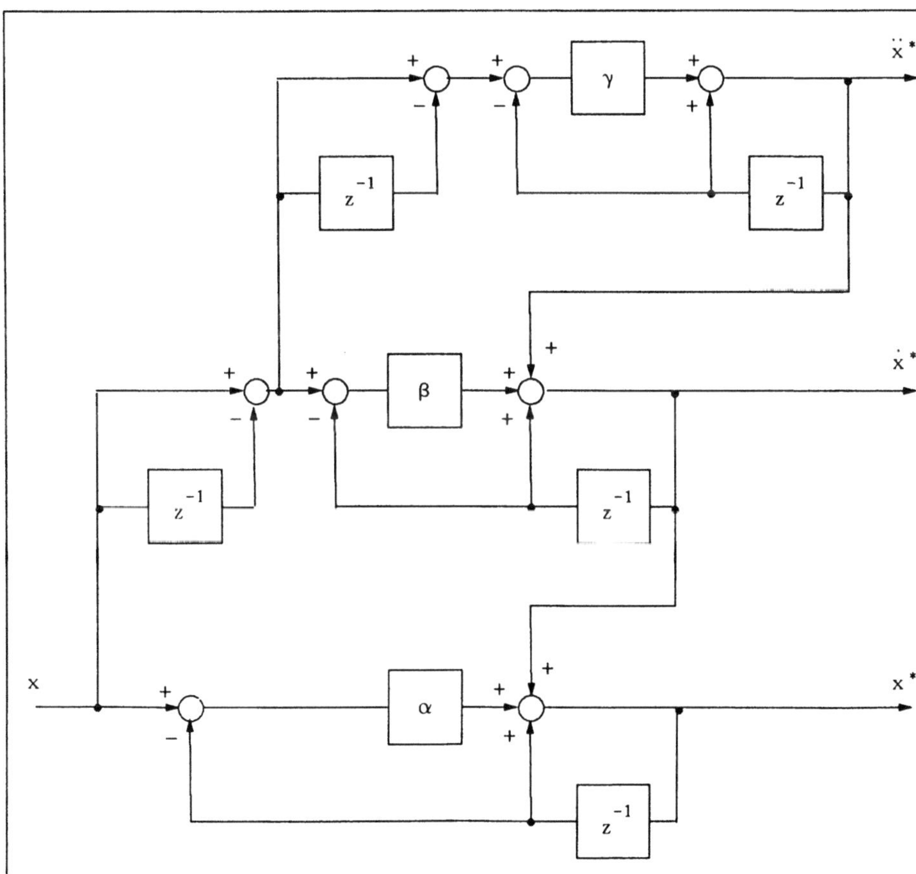

Bild 9.3 Ausprägung eines α-β-γ Filters

Algorithmen α–β–γ Filter

Die kompletten Algorithmen des in Bild 9.3 dargestellten α–β–γ Filters sind in nachfolgender Beziehung gegeben.

$$x^*(k) = x^*(k-1) + \alpha\,(x(k) - x(k-1)) + \dot{x}^*\,T$$

$$\dot{x}^*(k) = x^*(k-1) + \beta\,(x(k) - x(k-1) - \dot{x}^*(k-1)) + \ddot{x}^*\,T$$

$$\ddot{x}^*(k) = \ddot{x}^*(k-1) + \gamma\,(x(k) - 2x(k-1) + x(k-2) - \ddot{x}^*(k-1))$$

Dimensionierung

Die Dimensionierung von α, β und γ ist maßgeblich von der Anwendung und vom Zeittakt abhängig. Eine allgemein gültige Dimensionierungsvorschrift kann nicht angegeben werden. Die Einstellung von γ beim α–β–γ Filter bzw. von β beim α–β Filter ist im allgemeinen am schwierigsten. Die darunter liegenden Werte sind wegen der Stützung durch den nächsthöheren Kreis deutlich unempfindlicher.

Realisierung

Die Realisierung eines α–β–γ Filters zur Verfolgung von Flugobjekten erfordert die Zusatzmodule Initialisierung, Manövererkennung, Adaption und eventuell eine Funktionseinheit zur Bestimmung des Alters der Zieldaten. Dies ist mit der Kenntnis des Phasenganges durch einen einfachen Zusatzalgorithmus realisierbar.

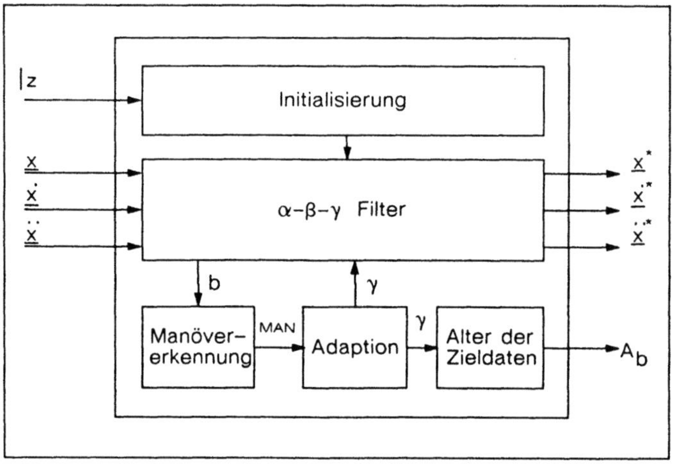

Bild 9.4 Softwarestruktur eines α–β–γ Filters zur Zielverfolgung

Dimensionierung

Zur groben Dimensionierung der Parameter α, β, und γ können die nachfolgenden Beziehungen herangezogen werden. Da α und β beim α–β–γ–Filter bzw. α beim α–β–Filter unkritisch sind, werden nur Näherungswerte angegeben.

α–β–γ Filter:

$\gamma \leq 1-e^{-T_0/T}$ $\qquad \alpha \approx 0{,}16 \qquad \beta \approx 0{,}12$

α–β Filter:

$\beta \leq 1-e^{-T_0/T}$ $\qquad \alpha \approx 0{,}14$

T – Zeitkonstante (min) der Eingangsdaten

Beispiel

In diesem Beispiel soll ein System zur Schätzung des Systemzustandes eines Flugobjekts aufgebaut werden. Die Nachführung eines Folgesensors ist im Kapitel 2 (S. 46) beschrieben. Das System soll die Position, Geschwindigkeit und Beschleunigung liefern. Die Dynamik der Beschleunigungsdaten soll im Bereich zwischen 0 und 1 Hertz liegen.

Zur Lösung des Problems wird ein α–β–γ–Filter vorgeschlagen und dimensioniert. In der Untersuchung der Schleppfehler wird sowohl ein α–β–γ–Filter als auch ein α–β–Filter betrachtet. Die γ–Schleife wird für die grobe Bestimmung von γ als PT_1–Glied betrachtet. Der Zeittakt T_0 wird mit 40 ms angenommen.

$$\gamma = 1 - e^{-0{,}04 \ 1} = 0{,}004$$

Die Parameter des α–β–γ–Filters sind nach obiger Dimensionierungsrichtlinie:

$\alpha \approx 0{,}16$
$\beta \approx 0{,}12$
$\gamma \approx 0{,}04$

Alternativ wird ein α–β–Filter dimensioniert. Dabei wird von einer Dynamik der Geschwindigkeit im Frequenzbereich 0 bis 1 Hertz ausgegangen. Die Parameter des α-β-Filters werden nach der obigen Gleichung bestimmt.

$$\alpha \approx 0{,}14$$
$$\beta \approx 0{,}04$$

Schleppfehler α-β Filter

Bei einer angenommenen maximalen Beschleunigung des Flugobjektes von 20 m/s² soll der maximale Schleppfehler im Geschwindigkeitskreis 5 m/s betragen.

$$b \cdot A_v = \Delta V$$

$$20 \text{ m/s}^2 \left(\frac{1}{\beta} - 1\right) T_0 = 5 \text{ m/s}$$

$$\beta \leq \frac{1}{1 + \frac{1}{4\,T_0}} \qquad \text{mit } T_0 = 40 \text{ ms}$$

$$\beta \leq 0{,}13$$

Mit den obigen Beziehungen muß β bei einem α-β Filter, das im Geschwindigkeitskreis nicht mehr als 5 m/s schleppen soll, kleiner als 0,13 sein.

Schleppfehler α-β-γ Filter

Bei einer angenommenen Beschleunigungsänderung von 20 m/s3 des Flugobjekts soll der maximale Schleppfehler im Beschleunigungskreis 5 m/s2 betragen.

$$b \cdot A_b = \Delta b = 5 \text{ m/s}^2$$

$$20 \text{ m/s}^3 \left(\frac{1}{\gamma} - 1\right) T_0 = 5 \text{ m/s}^2$$

$$\gamma \leq \frac{1}{1 + \frac{1}{4\,T_0}} \qquad \text{mit } T_0 = 40 \text{ ms}$$

Der geforderte maximale Schleppfehler wird eingehalten, wenn $\gamma \leq 0{,}13$ ist.

9.2 Beobachtung und Filterung

Zum Verständnis der Verfahren der Zustandsbeobachter und Zustandsfilter werden die zugrundeliegenden Ideen und Verfahren behandelt. Dabei wird auf das diskrete Modell der Strecke nach 4.6 aufgebaut. Vor dem Entwurf eines Beobachters oder Filters für ein System ist die Beobachtbarkeit des Systems nachzuweisen.

Zum Nachweis der Beobachtbarkeit ist die Beobachtungsmatrix M zu bestimmen.

$$M = \begin{bmatrix} C \\ C\,A \\ C\,A^2 \\ \vdots \\ C\,A^{n-1} \end{bmatrix}$$

Ein System ist dann beobachtbar, wenn M die gleiche Ordnung hat wie das zu beobachtende System.

Zustandsgleichungen der Strecke

$$x(k+1) = A(k)\,x(k) + B(k)\,u(k)$$
$$y(k) = C(k)\,x(k)$$

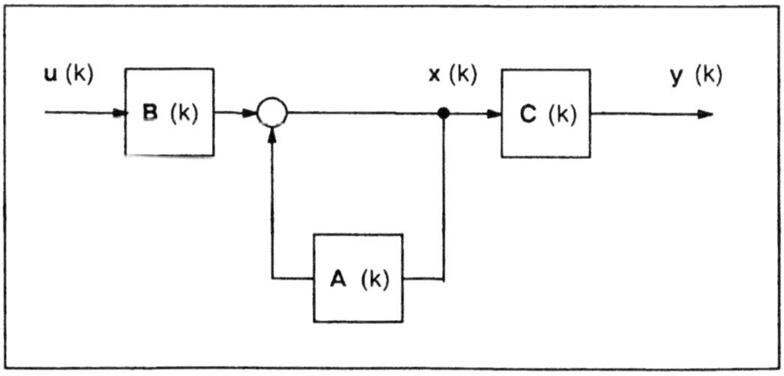

Bild 9.5 Zustandsdiagramm der Strecke

Grundprinzip Beobachter/Filter

Sowohl beim Beobachter als auch beim Zustandsfilter wird zur Schätzung des Zustandsvektors ein Modell der Strecke eingesetzt.

Im Modell der Strecke sind alle inneren Systemzustände abgreifbar. Sie können somit zur Nachführung der Strecke verwendet werden.

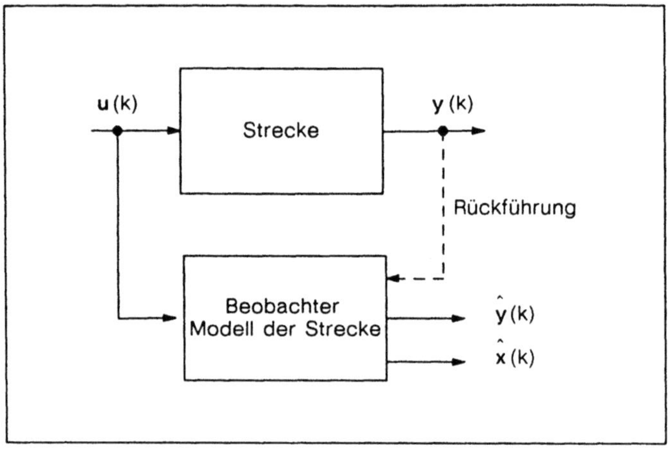

Bild 9.6 Beobachter mit und ohne Rückführung

Beobachter/Filter Strukturen

Der Beobachter hat ohne Rückführung die gleiche innere Struktur wie die Strecke (Bild 9.5) und ist somit auch mit den Zustandsgleichungen x(k+1)= ... und y(k)= ... beschreibbar. Der Aufwand beim Entwurf eines Beobachters liegt in der Modellierung der Matrix A und in der Dimensionierung der Matrix K. Das Meßsystem in der Strecke wird mit der Matrix C beschrieben. Zum Vergleich der genauen Systemzustände an der Strecke und der im Beobachter mitgeführten Systemzustände wird im Beobachter das Meßsystem auch mit der Matrix C modelliert. Die Strukturen des Beobachters und des Filters sind identisch. Die Unterscheidung liegt in der Dimensionierung der Matrix K(k). Die Berechnung der Matrizen werden in 9.2.1 und 9.2.2 behandelt.

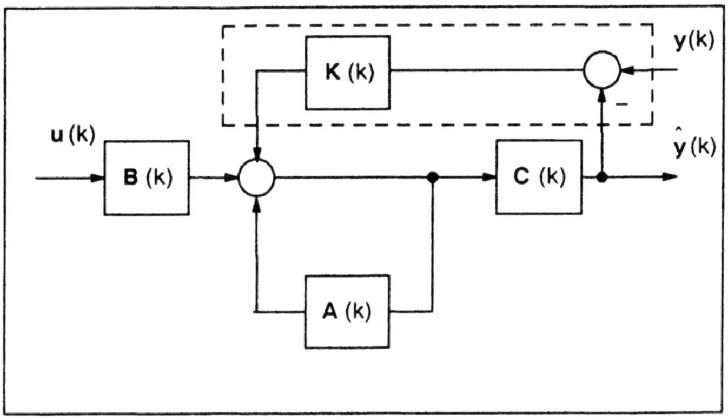

Bild 9.7 Innere Struktur des Beobachters und Filters

Beobachter/Filter im Regelkreis

Zustandsbeobachter und Zustandsfilter dienen zur Bestimmung des vollständigen Systemzustandes bei Messung von nur ausgewählten, kostengünstig meßbaren Zuständen der Strecke. Die mit dem Beobachter oder Zustandsschätzer bestimmten Systemzustände dienen der Nachführung der Strecke. Der Beobachter wird im Regelkreis in die Rückkopplungsschleife eingebaut.

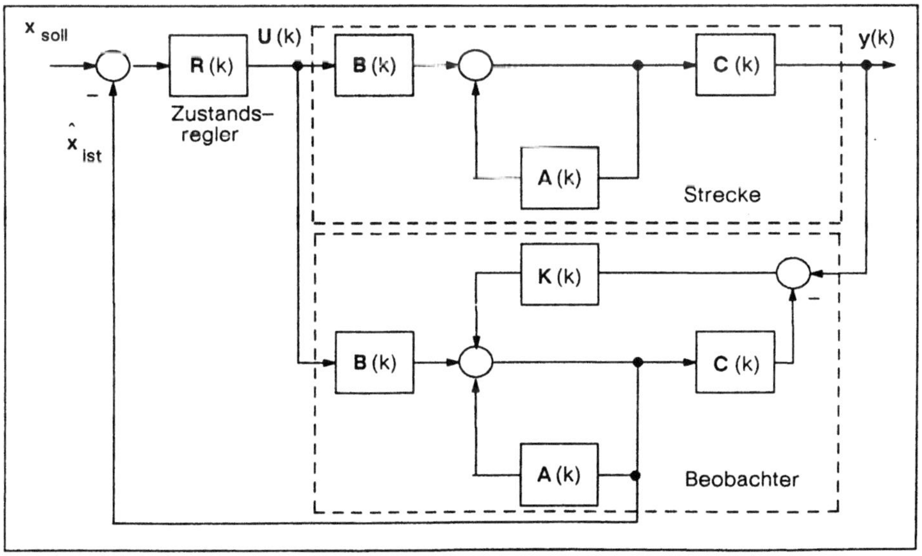

Bild 9.8 Beobachter / Zustandsschätzer im Regelkreis

9.3 Beobachter im Diskreten

Im vorausgegangenen Abschnitt wurde gezeigt, daß die Struktur und die Matrizen des Beobachters mit der zu beobachtenden Strecke identisch sind. Der Beobachter simuliert die Strecke und die Sensorik mit Hilfe von Modellen, die in den Matrizen A und C abgebildet sind. Dieses Simulationssystem wird wie die Strecke von dem Eingangsvektor **u**(k) angesteuert. Ablagen zwischen dem Streckenausgang y(k) und dem geschätzten Ausgangszustand $\hat{y}(k)$ des Beobachters werden - gewichtet mit der Matrix K(k) - zur Nachsteuerung des Beobachters benutzt. Der Beobachter ist nur für nichtstochastische Eingangsgrößen anwendbar.

Beobachter Modell

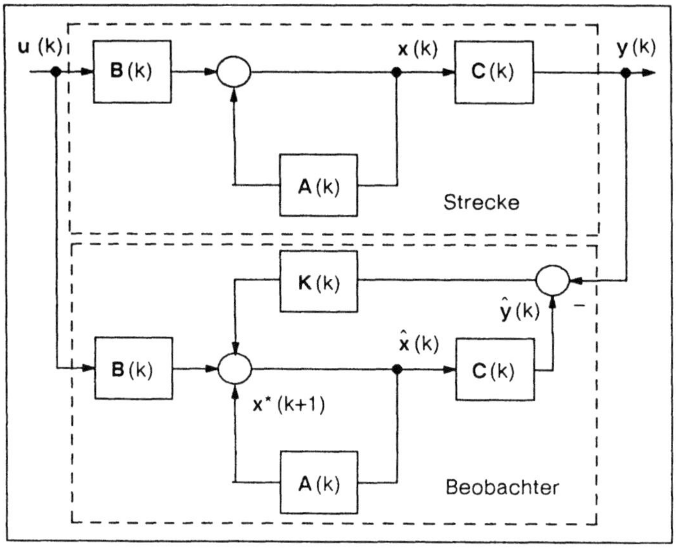

Bild 9.9 Beobachter - Modell

Ausgehend von den Differentialgleichungen des Systems oder der Strecke im Kontinuierlichen werden die Beziehungen des diskreten Beobachters hergeleitet. Die Lösung der Differentialgleichung des kontinuierlichen Systems

$$\dot{x}(t) = \mathbf{A}(t)\ x(t) + \mathbf{B}(t)\ \mathbf{u}(t)$$

$$y(t) = C(t)\ x(t)$$

Transitionsmatrix

ist mit der folgenden Gleichung gegeben, wobei $\Phi(t)$ die Transitionsmatrix des Systems ist.

$$x(t) = \Phi(t,t_0)\; x(t_0) \quad + \int_{t_0}^{t} \Phi(t,\tau)\; \mathbf{B}(\tau)\; u(\tau)\; d\tau$$

$$y(t) = C(t)\; x(t)$$

Ein Vergleich mit den Zustandsgleichungen des diskreten Systems

$$\dot{x}(k+1) = A(k)\; x(k) + B(k)\; u(k)$$

$$y(k) = C(k)\; x(k)$$

führt zu folgenden Beziehungen.

Matrizen
A(k), B(k), C(k)

Die Systemmatrix **A**(k) im zeitdiskreten System ist gleich der Transitionsmatrix Φ(k+1,k) und die Eingangsmatrix **B**(k) ist gleich dem Integral über dem Produkt aus Transitionsmatrix und der Eingangsmatrix **B**(t) in der kontinuierlichen Zeit. Die Integration wird über einen Zeittakt von t_k bis t_{k+1} ausgeführt. Die Meßmatrix oder Ausgangsmatrix C ist in der diskreten und kontinuierlichen Zeit identisch.

$$A(k) = \Phi(k+1,k)$$

$$B(k) = \int_{t_k}^{t_{k+1}} \Phi(t_{k+1},\tau)\; B(\tau)\; d(\tau)$$

$$C(k) = C(t_k)$$

Verstärkungsmatrix
K(k)

Zur vollständigen Beschreibung des Beobachters ist noch die Angabe der Verstärkungsmatrix K(k) notwendig. Die Matrix K(k) berechnet sich rekursiv aus der Beobachtbarkeitsmatrix M(k) und einer Matrix P*(k). Die Matrix P*(k) gibt die Kovarianz der durch die Systemmatrix im Beobachter prädiktierten Wertes **x**(k+1).

Kovarianzmatrix $P^*(k)$ für x (k+1)

$$P^*(k+1) = A(k)\ M^{-1}(k,k_0)\ A'(k)$$

Die Beziehungen für K(k) und M(k) werden hier lediglich angegeben.

$$M^{-1}(k,k_0) = P^*(k) - K(k)\ C(k)\ P^*(k)$$

$$K(k) = P^*(k)\ C'(k)\ [\ C(k)\ P^*(k)\ C'(k) + I\ ]^{-1}$$

Beobachter Algorithmen

Anschließend wird der komplette rekursive Algorithmus des Beobachters angegeben.
Die Zustandsgleichungen der Strecke lauten:

$$x(k+1) = A(k)\ x(k) + B(k)\ K(k)$$

$$y(k) = C(k)\ x(k)$$

Die Zustandsgleichungen des Beobachters können direkt aus dem Bild 9.6 entnommen werden.

$$x^*(k+1) = A(k)\ x(k)$$

$$\hat{x}(k+1) = x^*(k)\ K(k)\ [\ y(k) - C(k)\ \hat{x}(k)\ ] + B(k)\ u(k)$$

Zur Berechnung der Gewichtsmatrix K(k) sind folgende 3 Gleichungen in jedem Zeittakt zu berechnen.

$$P^*(k+1) = A(k)\ M^{-1}(k,k_0)\ A'(k)$$

$$M^{-1}(k,k_0) = P^*(k) - K(k)\ C(k)\ P^*(k)$$

$$K(k) = P^*(k)\ C'(k)\ [\ C(k)\ P^*(k)\ C'(k) + I\ ]^{-1}$$

Die obigen Gleichungen können erst dann verwendet werden, wenn M(k) regulär ist. Auf die Initialisierung wird im folgenden Abschnitt 9.4 eingegangen. Die Abhandlungen '9.3 - Beobachter im Diskreten' und '9.4 - Kalmanfilter' ergänzen sich auch hinsichtlich des Verständnisses der Schätzverfahren.

9.4 Kalmanfilter

Aufgabe

Die Filteraufgabe ist eine Beobachtung eines Systems bei Anwesenheit von Störungen. Die Störungen können durch das System oder durch die Meßstrecke hervorgerufen werden. Das Kalmanfilter ist somit eine Erweiterung des Beobachters. Das Kalmanfilter läßt sich wie der Beobachter durch keine explizite Gleichung darstellen, sondern ist ein rekursiver Schätzalgorithmus, der den Zustandsvektor nach jedem neuen Meßwert rekursiv schätzt.

Die Integration in einem Regelkreis geschieht beim Kalmanfilter oder beim Kalmanzustandsschätzverfahren gemäß Bild 9.5.

Gauß–Markoff Signalprozeß 1. Ordnung

Der Signalprozeß, dessen Ausgangsgröße gefiltert und Systemzustände beobachtet werden sollen, wird durch einen Gauß–Markoff Signalprozeß 1. Ordnung beschrieben.

$$x(k+1) = A(k)\ x(k) + v(k)$$

$$y(k+1) = C(k)\ x(k) + w(k)$$

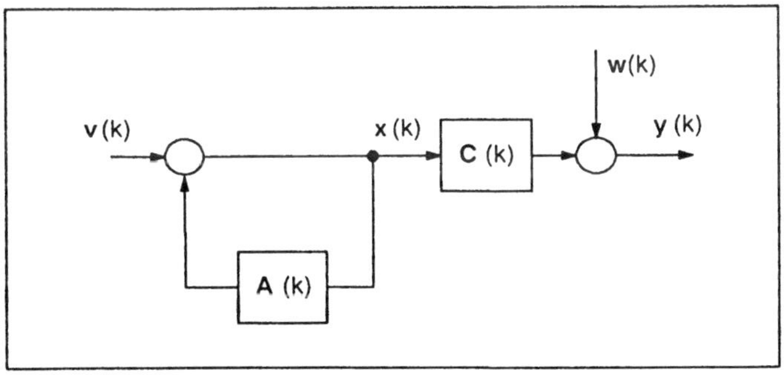

Bild 9.10 Signalprozeß mit stochastischen Eingangsgrößen

Das Kalman–Schätzverfahren setzt die Kenntnis folgender Beziehungen voraus.

Erwartungswert E

Der Erwartungswert einer Größe ist der Mittelwert der Größe x.

$$E(x) = \lim_{T \to \infty} \frac{1}{2T} \int_{-T}^{T} x(t)\ dt$$

Autokorrelationsfunktion AKF

Die Autokorrelationsfunktion AKF beschreibt den Zusammenhang zweier Werte einer Funktion x zu den Zeiten t und $t+\tau$.

$$R_{xx}(\tau) = \lim_{T\to\infty} \frac{1}{2T} \int_{-T}^{T} x(t)\, x(t+\tau)\, dt$$

Kreuzkorrelationsfunktion KKF

Die Kreuzkorrelationsfunktion KKF beschreibt den Zusammenhang zweier Werte von zwei Funktionen x,y zu den Zeiten t und $t+\tau$.

$$R_{xy}(\tau) = \lim_{T\to\infty} \frac{1}{2T} \int_{-T}^{T} x(t)\, y(t+\tau)\, dt$$

Kovarianz P

Die Kovarianz einer Größe ist der Erwartungswert der quadratischen Ablage vom Erwartungswert der Größe

$$P(k) = [\,(x(k) - E(x(k)))(x(k) - E(x(k)))'\,]$$

Gauß-Markoff Prozeß Bedingungen

Zur Schätzung des Zustandes eines Gauß-Markoff Prozesses 1. Ordnung mit einem Kalmanfilter werden an den Gauß-Markoff Prozeß folgende Anforderungen gestellt.

$$E(v(k)) = 0$$

$$E(w(k)) = 0$$

Kovarianz von $v(k)$ sei $Q(k)$

Kovarianz von $w(k)$ sei $R(k)$

Prinzipien der Kalmanfilterung

Das Kalmanfilter stützt sich im wesentlichen auf drei Prinzipien ab.

Prinzip 1:

Analog dem Beobachter wird im Kalmanfilter das System, dessen Zustände geschätzt werden sollen, durch ein Modell nachgebildet.

Prinzip 2:

Für die Schätzung der Zustandsgrößen werden in jedem

Zeittakt neben den Systemzuständen die Kovarianzen der Zustände mitgerechnet.

Prinzip 3:

Die Verstärkungsmatrix oder Gewichtsmatrix oder Kalmanmatrix **K**(k) wird, abgestützt auf die Kovarianzen in jedem Zeittakt so bestimmt, daß der geschätzte Systemzustand minimale Varianz besitzt. Die hinsichtlich der geschätzten Systemzustände optimale Einstellung der Verstärkungsmatix **K**(k) führt zu der Bezeichnung Optimalfilter nach Kalman.

Kalmanfilter Struktur

Der Kalman–Zustandsschätzer hat die gleiche Struktur wie der Zustandsbeobachter. Die Matrizen **A**(k) und **C**(k) sind mit den entsprechenden Matrizen des Beobachters identisch. Beim Kalmanfilter werden zusätzlich die Störgrößen v(k) und w(k) einbezogen. Die Kovarianzmatrizen gehen in die Berechnung der Verstärkungsmatrix **K**(k) ein.

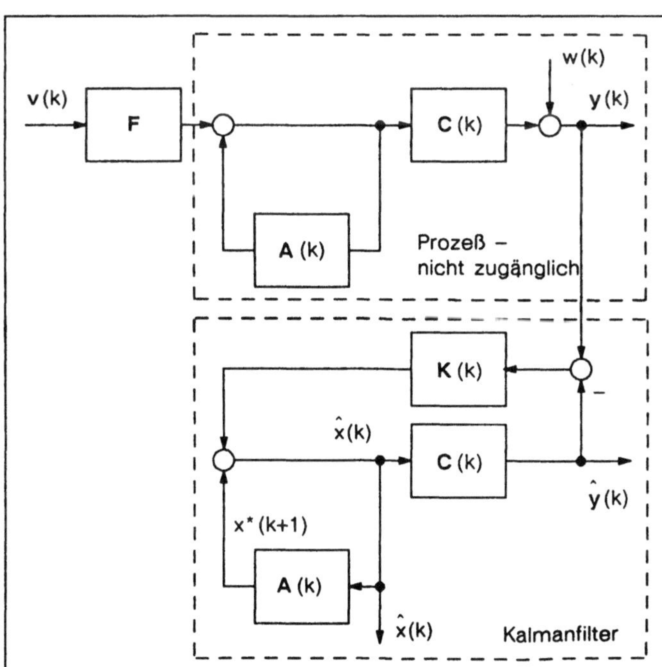

Bild 9.11 Struktur des Kalman Zustandsschätzers

Herleitung

Der Kalman Schätzalgorithmus kann mittels mehrerer Methoden abgeleitet werden:

- Orthogonalitätsprinzip von Schätzfehler und Meßwert
- Rekursive Methode der kleinsten Quadrate
- Minimalschätzung - kleinste Varianz
- Bayes Methode

Auf eine exakte Herleitung wird hier verzichtet. Die Algorithmen werden nachfolgend angegeben und diskutiert.

Schätzalgorithmus

Der Schätzalgorithmus nach Kalman läuft in fünf Arbeitsschritten ab.

Prädiktion

Prädiktion des alten geschätzten Ausgangszustandes $\hat{\mathbf{x}}(k)$

$$\bar{\mathbf{x}}(k+1) = \mathbf{A}(k)\ \hat{\mathbf{x}}(k)$$

Varianz von $\bar{\mathbf{x}}(k+1)$

Die Kovarianzmatrix von $\bar{\mathbf{x}}(k+1)$ wird mit Q(k) bezeichnet.

$$\mathbf{Q}(k) = \mathbf{A}(k)\,\mathbf{P}(k)\,\mathbf{A}'(k) + \mathbf{F}(k)\,\mathbf{V}(k)\,\mathbf{F}'(k)$$

Verstärkungsmatrix K(k)

Die Verstäkkungsmatrix K(k) wird gestützt auf die Kovarianz Q(k) von $\bar{\mathbf{x}}(k+1)$, den vom eigenen Modell vorhergesagten Wert und die Varianz der Meßstörung.

$$\mathbf{K}(k) = \mathbf{Q}(k)\,\mathbf{C}'(k)\,[\,\mathbf{C}(k)\,\mathbf{Q}(k)\,\mathbf{C}'(k) + \mathbf{W}(k)\,]^{-1}$$

Schätzung

Der Systemzustand $\hat{\mathbf{x}}$ wird zum Zeittakt k+1 geschätzt. Der geschätzte Zustand setzt sich aus dem vorhergesagten Zustand $\bar{\mathbf{x}}$ und der mit K(k) gewichteten Ablage zwischen Meßwert y(k) und dem vorhergesagten Zustand $\bar{\mathbf{x}}$ zusammen. Die gewichtete Ablage wird auch Innovation genannt.

$$\hat{x}(k) = \bar{x}(k) + K(k)\,[\,y(k) - c(k)\,\bar{x}(k)\,]^{-1}$$

Varianz von $\hat{x}(k)$

Der Kalmanfilter berechnet im rekursiven Algorithmus die Varianz, die Güte des geschätzten Systemzustandes.

Die Varianz des geschätzten Systemzustandes $\hat{x}(k)$ ist gleich P(k). P(k) wurde auch beim Beobachter zur Ableitung des Algorithmus verwendet.

$$P(k) = Q(k) - K(k)\,C(k)\,Q(k)$$

Rekursion

In jedem Zeittakt wird der Zählindex k um 1 erhöht, der Meßwert eingelesen und der Algogithmus mit den oben aufgeführten fünf Arbeitsschritten durchgeführt.

Die in den fünf Gleichungen auftretenden Größen werden nachfolgend erklärt.

A - Systemmatrix

$\bar{x}$ - vorhergesagter Systemzustand

$\hat{x}$ - geschätzter Systemzustand

Q - Varianz des vorhergesagten Systemzustandes

F - Eingangsmatrix der Systemstörung v (k)

v - Systemrauschen

C - Meßmatrix

w - Meßrauschen

K - Verstärkungsmatrix

y - Meßwert

P - Varianz des geschätzten Ausgangszustandes

Diskussion von K(k)

Die Verstärkungsmatrix K(k) ist hinsichtlich der minimalen Varianz des geschätzten Zustandes optimal angelegt. Dies kann leicht gezeigt werden, wenn von der vektoriellen Darstellung auf eine skalare Darstellung übergegangen wird und anschließend eine Grenzwertbetrach–

tung durchgeführt wird.

$$K(k) = \frac{Q(k)\ C(k)}{C(k)\ Q(k)\ C(k) + w(k)}$$

Fall 1:

Die Meßstrecke ist mit sehr kleinem Rauschen behaftet, d.h. w(k) ist sehr klein. Im Grenzwert bedeutet dies, daß K(k) = 1 ist. Wird K(k) = 1 in die Schätzgleichung eingetragen, so ist $\hat{x}(k)$ gleich y(k). Der Filter "lehnt" sich sehr an den Meßwert an, da dieser eine kleine Varianz besitzt.

Fall 2:

Die Meßstrecke ist mit sehr hohem Rauschen behaftet, d.h. w(k) ist sehr groß. Im Grenzwert bedeutet dies, daß K(k) = 0 ist. Wird K(k) = 0 in die Schätzgleichung eingetragen, so ist $\hat{x}(k)$ gleich dem vom Modell vorhergesagten Wert. Die Messung wird nicht berücksichtigt.

In Abhängigkeit von den Varianzen wird die Verstärkungsmatrix automatisch optimal eingestellt.

Verzeichnis der wichtigsten Formelzeichen

A	–	Systemmatrix
B	–	Eingangs- oder Steuermatrix
b	–	Eingangs- oder Steuervektor
C	–	Ausgangs- oder Beobachtungsmatrix
c	–	Ausgangs- oder Beobachtungsvektor
D	–	Durchgangsmatrix
d	–	Durchgangsvektor, Durchgriff
$\delta(t)$	–	Diracimpuls
e_a , e_v , e_p	–	Regelabweichungen
$e(t)$	–	Regeldifferenz aus Führungsgröße und Istwert
f_A	–	Abtastfrequenz
f_k , $f(kT)$	–	Wertefolge
f_{m_0}	–	Nutzfrequenz
$\Phi(k)$	–	Transitionsmatrix
$\Phi(\omega)$	–	Phasengang
$F(z)$, $G(z)$	–	Übertragungsfunktion in der z-Ebene
$g(k)$	–	Impulsantwort
$G(j\omega)$	–	Frequenzgang
$\|G(\omega)\|$	–	Amplitudengang
$g(m)$	–	Gewichtsfunktion
G_P	–	Prozeß - Übertragungsfunktion
G_R	–	Regler - Übertragungsfunktion
G_W	–	Führungsübertragungsfunktion
$h(k)$	–	Sprungantwort
I	–	Einheitsmatrix
K_a , K_v , K_p	–	Fehlerkonstanten

K_R	–	Verstärkungsfaktor
$\mathbf{K}(k)$	–	Verstärkungsmatrix
LSB	–	Last significant bit
$\mathbf{P}(k)$, $\mathbf{Q}(k)$	–	Kovarianzmatrix
R_{xx}	–	Autokorrelationsfunktion
R_{xy}	–	Kreuzkorrelationsfunktion
s	–	$j\omega$
$\sigma(t)$	–	Sprungfunktion
T	–	Zeitkonstante
T_A	–	Abtastzeit, Zeittakt
T_D	–	Differentiationskonstante
T_G	–	Ausgleichszeit
$T_g(\omega)$	–	Gruppenlaufzeit
T_I	–	Integrationskonstante
T_U	–	Verzugszeit
$\mathbf{u}(k)$	–	Eingangsvektor
$u(k)$	–	Eingangsimpulsfolge
$U(z)$	–	z–Transformierte der Eingangsimpulsfolge
$u(t)$	–	Stellgröße
ω_A	–	Abtastkreisfrequenz
ω_g	–	Grenzfrequenz
$\omega(t)$	–	Rampenfunktion
$\mathbf{x}(k)$	–	Zustandsvektor
$\mathbf{y}(k)$	–	Ausgangsvektor
$y(k)$	–	Ausgangsimpulsfolge
$Y(z)$	–	z–Transformierte der Ausgangsimpulsfolge

Literatur

Ackermann, J.: Abtastregelung. Springer Verlag, Berlin, 1983

Ackermann, J.: Der Entwurf linearer Regelungssysteme im Zustandsraum. Regelungstechnik 20 1972, S. 292–300.

Böcker, J., Hartmann, I. und Zwanzig, Ch.: Nichtlineare und adaptive Regelungssysteme. Springer Verlag, Berlin, 1986

Böttiger, A.: Regelungstechnik. R. Oldenbourg Verlag München Wien, 1988

Brammer, K. und Siffling, G.: Kalman-Bucy-Filter. R. Oldenbourg Verlag München Wien, 2.Auflage, 1985

Bronstein, I.N. und Semendjajew, K.A.: Taschenbuch der Mathematik. Verlag Harri Deutsch, Frankfurt/Main, 20. Auflage, 1981

Distefano, J. u.a.: Regelsysteme. Schaum's Reihe, Mc Graw-Hill, New York, 1976

Doetsch, G.: Anleitung zum praktischen Gebrauch der Laplace und z-Transformation. R. Oldenbourg Verlag, 5. Auflage, 1985

Föllinger, O.: Regelungstechnik, Einführung in ihre Methoden und ihre Anwendung. Hüthig, Heidelberg, 1985

Föllinger, O.: Lineare Abtastsysteme. R. Oldenbourg Verlag München Wien, 3.Auflage 1986

Föllinger, O.: Optimierung dynamischer Systeme. R. Oldenbourg Verlag München, 1985

Föllinger, O.: Fourier- und Laplace-Transformation. Hüthig, Heidelberg, 1982

Giloi, W.: Analoge, digitale und hybride Simulation. R. Oldenbourg Verlag München, 1968

Hartmann, I.: Lineare Systeme. Springer Verlag, 1976

Hartmann, I.: Zeitdiskrete Systeme. Technische Universität Berlin, Brennpunkt Kybernetik, 1978

Isermann, R.: Digitale Regelsysteme. Springer Verlag, Berlin, 1987

Kalman, R.E.: On the General Theory of Control Systems. Proc. 1st International Congress on Automatic Control, Moskau, 1960, Butterworths, London, 1961, Band 1, S. 481-492

Landgraf, Ch. und Schneider, G.: Elemente der Regelungstechnik. Springer Verlag, Berlin, 1970

Lauber, R.: Prozeßautomatisierung. Springer Verlag, Berlin, 1976

Leonhard, W.: Einführung in die Regelungstechnik. Vieweg, Braunschweig, 1981

Leonhard, W.: Diskrete Regelsysteme. Bibliographisches Institut, Mannheim, Wien, Zürich, 1972

Leonard, W.: Regelung in der elektrischen Antriebstechnk. Teubner, Stuttgart, 1974

Litz, L.: Dezentrale Regelung. R. Oldenbourg Verlag München Wien, 1983

Maybeck, P: Stochastic Models, Estimation and Control Volume 1, 2, 3. Academic Press, 1979/82

Oppelt, W.: Kleines Handbuch technischer Regelvorgänge. Verlag Chemie, Weinheim, 1972

Schmidt, G.: Grundlagen der Regelungstechnik. Springer Verlag, Berlin, 1982

Schmidt, G.: Simulationstechnik. R. Oldenbourg Verlag, München, Wien, 1980

Schüßler, H. W.: Netzwerke, Signale und Systeme. Band2: Theorie kontinuierlicher und diskreter Signale und Systeme. Springer Verlag, Berlin, Heidelberg, New York, Tokyo 1984

Shannon, C. E., Weaver, W.: Mathematische Grundlagen der Informationstheorie. R. Oldenbourg Verlag München Wien, 1976

Unbehauen, H.: Regelungstechnik I, II und III. Vieweg, Braunschweig, 1982/3/5

Weihrich, G.: Optimale Regelung linearer deterministischer Prozesse. R. Oldenbourg, München, 1973

Zurmühl, R.: Matrizen und ihre technische Anwendungen. 4. Auflage Springer Verlag, Berlin, 1964

Anhang

A1 Kriterien zur Zeittaktfestlegung

A2 Tabelle der z–Transformation

A3 Rechenregeln der z–Transformation

A4 Übergang analoge - digitale Regler

A5 Übersicht digitale Regler

A6 Stabilitätskriterien

A7 Standardfilter und Fensterfunktionen

A8 Überblick Kalmanfilter

Anhang A1
Kriterien zur Zeittaktfestlegung

Grenzwerte der Abtastrate

Minimale Abtastzeit
Die untere Grenze der Abtastrate ist durch die notwendige Rechenzeit für den Regelalgorithmus vorgegeben. Die Rechnerleistung ist so zu dimensionieren, daß die Abtastzeit immer kleiner ist als die durch das Abtasttheorem vorgegebene maximale Abtastzeit. Eine Erhöhung der Abtastfrequenz, d. h. eine Verringerung der Zeit zwischen zwei Abtastungen gestattet eine Erhöhung der Grenzfrequenz ω_g und damit die Erfassung eines größeren Frequenzspektrums des abgetasteten Signals.

Maximale Abtastzeit
Die maximale Abtastzeit oder gleichbedeutend die minimale Abtastfrequenz ist durch das Shannon'sche Abtasttheorem vorgegeben. Das Abtastkriterium von Shannon setzt auf die Grenzfrequenz des abgetasteten Signals auf. Die Berechnung der Grenzfrequenz ist unter 2.5 beschrieben. Bei Abtastung der Fehlerspannung, d.h. nach dem Summationspunkt (Bild A4.1 Abtastung nach dem Summationspunkt) gehen implizit die Eigenschaften des Regelkreises in die Wahl der maximalen Abtastzeit ein.

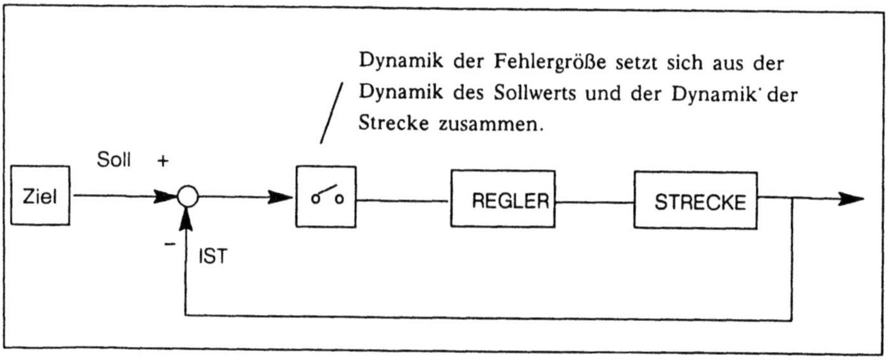

Bild A1.1 Abtastung nach dem Summationspunkt

Kriterien

Zur Festlegung des Zeittaktes sind neben den unter 2.4 und oben beschriebenen Randbedingungen folgende Kriterien zu beachten.

- Stabilität des Regelkreises:
  Der Phasenrand wird durch die abtastbedingte Totzeit geschmälert.

- Zeitgerechte Zuordnung des abgetasteten Signals:
  Das abgetastete Signal ist in der darauffolgenden Verarbeitung zeitlich korrekt den sonstigen Regelgrößen zuzuordnen.

- Verfügbare Rechenzeit:
  Der digitale Regelkreis ist in einen Realzeitprozeß eingebunden und damit an übergeordnete Rechenzeitvorgaben gebunden.

- Kosten der Rechnerleistung:
  Eine Verkleinerung des Abtastintervalls bedingt eine höhere Rechnerleistung und damit höhere Rechnerkosten, höheren Leistungsbedarf und folglich auch höheren Kühlungsbedarf. Aus dieser Sicht ist ein möglichst großes Abtastintervall anzustreben.

- Systementwurf:
  In einem komplexen System wird eine Reihe von digital geregelten Prozessen eingebunden. Aus Systemüberlegungen wird man für alle Prozesse einen einheitlichen Zeittakt anstreben. Damit ist das Funktionspaket Anti- Aliasingfilter - D/A Wandler mehrfach verwendbar.

- Totzeit, Verzögerungszeit des Prozesses:
  Bei Abtastung der Fehlerspannung eines Prozesses mit Totzeit ist die ausschließliche Berücksichtigung des Shannon'schen Abtasttheorems nicht ausreichend. Die Behandlung von Prozeßtotzeiten und Verzögerungszeiten wird im folgenden Abschnitt behandelt. Durch die Abtastung mit einer Taktzeit T_A entsteht eine zusätzliche Totzeit von $1/2 \cdot T_A$.

Faustformel

Zusammenfassend können zur Auslegung der Abtastfrequenz Faustformeln angegeben werden. Die Faustformeln sind dem Buch "Digitale Regelsysteme" - R.Isermann entnommen. Eine ausschließliche Abstützung auf die Faustformeln ohne tiefere Beschäftigung mit dem Gesamtfragenkomplex "Zeittakt, Abtasttheorem, Kriterien usw." wird nicht empfohlen.

Prozeß ohne Totzeit

$$T_A \approx \left(\frac{1}{6} \cdots \frac{1}{5}\right) T_{95}$$

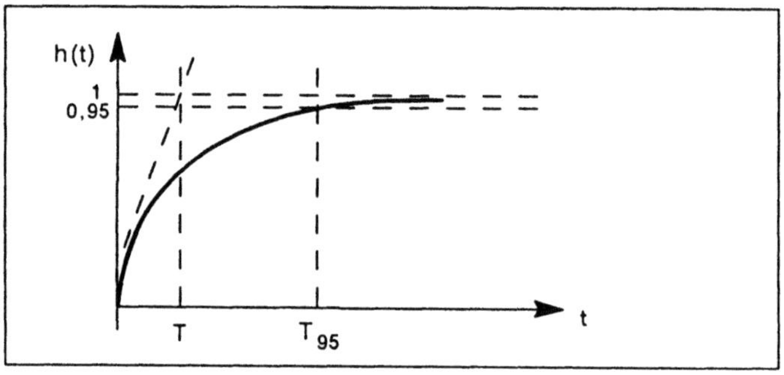

Bild A1.2 Bestimmung von T_{95} aus der Übertragungsfunktion eines Prozesses ohne Totzeit

Prozeß mit Totzeit

$$T_A \approx \begin{cases} (1{,}2 \ldots 0{,}35)\ T_U & \text{für} \quad 0{,}1 \leq \frac{T_U}{T} \leq 1{,}0 \\ (0.35 \ldots 0.22)\ T_U & \text{für} \quad 1{,}0 \leq \frac{T_U}{T} \leq 10 \end{cases}$$

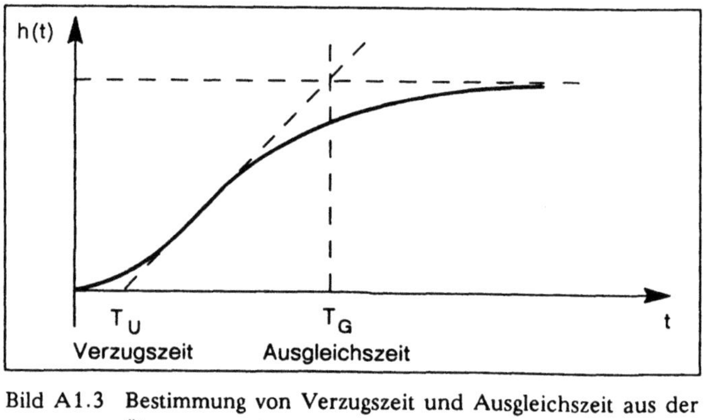

Bild A1.3 Bestimmung von Verzugszeit und Ausgleichszeit aus der Übertragungsfunktion eines Prozesses mit Totzeit

Anhang A2
Tabelle der z-Transformation

Korrespondenzen der z-Transformierten
Bedingung: $f(t) = 0$ für $t < 0$

	F(s)	f(t)	$F_z(z)$
1	$\frac{1}{s}$	1	$\frac{z}{z-1}$
2	$\frac{1}{s^2}$	t	$\frac{Tz}{(z-1)^2}$
3	$\frac{2!}{s^3}$	t^2	$T^2 z \frac{z+1}{(z-1)^3}$
4	$\frac{3!}{s^4}$	t^3	$T^3 z \frac{z^2+4z+1}{(z-1)^4}$
5	$\frac{n!}{s^{n+1}}$	t^n, $n = 1, 2, \ldots$	$T^n z \frac{z^{n-1}+\ldots}{(z-1)^{n+1}}$
6	$\frac{1}{s-\alpha}$ α beliebig komplex	$e^{\alpha t}$	$\frac{z}{z-e^{\alpha T}}$
7	$\frac{\omega}{s^2+\omega^2}$	$\sin \omega t$	$z \frac{\sin \omega T}{z^2 - 2z\cos\omega T + 1}$
8	$\frac{s}{s^2+\omega^2}$	$\cos \omega t$	$z \frac{z - \cos\omega T}{z^2 - 2z\cos\omega T + 1}$
9	$\frac{s \sin\phi + \omega\cos\phi}{s^2+\omega^2}$	$\sin(\omega t + \phi)$	$z \frac{z\sin\phi + \sin(\omega T - \phi)}{z^2 - 2z\cos\omega T + 1}$
10	$\frac{\omega}{(s-\alpha)^2+\omega^2}$	$e^{\alpha t} \sin \omega t$	$z \frac{e^{\alpha T}\sin \omega T}{z^2 - 2ze^{\alpha T}\cos\omega T + e^{\alpha T}}$

	F(s)	f(t)	$F_z(z)$
11	$\frac{s-\alpha}{(s-\alpha)^2+\omega^2}$	$e^{\alpha t}\cos\omega t$	$z\,\frac{e^{\alpha T}\cos\omega T}{z^2-2ze^{\alpha T}\cos\omega T+e^{2\alpha T}}$
12	$\frac{(s-\alpha)\sin\phi+\omega\cos\phi}{(s-\alpha)^2+\omega^2}$	$e^{\alpha t}\sin(\omega t+\phi)$	$z\,\frac{z\sin\phi+e^{\alpha T}\sin(\omega T-\phi)}{z^2-2ze^{\alpha T}\cos\omega T+e^{2\alpha T}}$
13	$\frac{1}{(s-\alpha)^2}$	$t\,e^{\alpha t}$	$\frac{Tze^{\alpha T}}{(z-e^{\alpha T})^3}$
14	$\frac{1}{(s-\alpha)^3}$	$\frac{1}{2!}t^2e^{\alpha t}$	$\frac{1}{2}T^2e^{\alpha T}z\,\frac{z+e^{\alpha T}}{(z-e^{\alpha T})^3}$
15	$\frac{1}{(s-\alpha)^4}$	$\frac{1}{3!}t^3e^{\alpha t}$	$\frac{1}{6}T^3e^{\alpha T}z\,\frac{z^2+4ze^{\alpha T}+e^{2\alpha T}}{(z-e^{\alpha T})^4}$
16	$\frac{n!}{(s-\alpha)^{n+1}}$	$t^n e^{\alpha t}$ $n=1,2,\ldots$	$\frac{\partial^n}{\partial\alpha^n}\left(\frac{z}{z-e^{\alpha T}}\right)=$ $=T^n z e^{\alpha T} z\,\frac{z^{n+1}+\ldots}{(z-e^{\alpha T})^{n+1}}$
17	$\frac{2\omega s}{(s^2+\omega^2)^2}$	$t\sin\omega t$	$Tz\,\frac{(z^2-1)\sin\omega T}{(z^2-2z\cos\omega T+1)^2}$
18	$\frac{s^2-\omega^2}{(s^2+\omega^2)^2}$	$t\cos\omega t$	$Tz\,\frac{(z^2-1)\cos\omega T-2z}{(z^2-2z\cos\omega T+1)^2}$
19	$\frac{2\omega s\cos\phi+(s^2-\omega^2)\sin\phi}{(s^2+\omega^2)^2}$	$t\sin(\omega t+\phi)$	$Tz\,\frac{z^2\sin(\omega T+\phi)-2z\sin\phi\sin(\omega T-\phi)}{(z^2-2z\cos\omega T+1)^2}$
20	$\frac{1}{s-\frac{1}{T}\ln a},\ a\neq 0$	$e^{\frac{t}{T}\ln a}=a^{\frac{t}{T}}$	$\frac{z}{z-a}$

	F(s)	f(t)	$F_z(z)$
21		$\binom{\frac{t}{T}}{n-1}$ $n = 1, 2, \ldots$	$\frac{z}{(z-1)^n}$
22		$\frac{e^{\frac{t}{T}\ln\beta}}{\beta^{n-1}} \binom{\frac{t}{T}}{n-1}$	$\frac{z}{(z-\beta)^n}$, $\beta \neq 0, n = 1, 2, \ldots$
23	e^{-mTs}, $m = 0, 1, \ldots$	$\delta(t - mT)$	z^{-m}
24	$\frac{b_0 + b_1 e^{-Ts} + \ldots + b_m e^{-mTs}}{a_0 + a_1 e^{-Ts} + \ldots + a_n e^{-nTs}}$		$\frac{b_0 + b_1 z^{-1} + \ldots + b_m z^{-m}}{a_0 + a_1 z^{-1} + \ldots + a_n z^{-n}}$ $a_0 \neq 0$
25		$(-1)^{\frac{t}{T}}$	$\frac{z}{z+1}$
26		$\frac{t}{T} \beta^{\frac{t}{T} - 1}$	$\frac{z}{(z-\beta)^2}$

Anhang A3
Rechenregeln der z - Transformation

Linearitätseigenschaft

$$Z\{c_1 f_1(t) + c_2 f_2(t)\} = c_1 Z\{f_1(t)\} + c_2 Z\{f_2(t)\}$$

Herleitung:

$$Z\{c_1 f_1(t) + c_2 f_2(t)\} = \sum_{k=0}^{\infty} (c_1 f_{1k} + c_2 f_{2k})\, z^{-k}$$

$$= c_1 \sum_{k=0}^{\infty} f_{1k}\, z^{-k} + c_2 \sum_{k=0}^{\infty} f_{2k}\, z^{-k}$$

$$= c_1 Z\{f_1(t)\} + c_2 Z\{f_2(t)\}$$

$$Z\{c_1 f_1(t) + c_2 f_2(t)\} = c_1 Z\{f_1(t)\} + c_2 Z\{f_2(t)\}$$

Verschiebungsregeln

Verschiebungsregel nach rechts

$$f(t - mT) \quad ○\!\!-\!\!● \quad z^{-m} F_z(z)$$

$$f_{k-m} \quad ○\!\!-\!\!● \quad z^{-m} F_z(z)$$

Verschiebungsregel nach links

$$f(t + mT) \quad ○\!\!-\!\!● \quad z^{m}\left[F_z(z) - \sum_{r=0}^{m-1} f_r\, z^{-r}\right]$$

$$\text{bzw.} \quad f_{k+m} \quad ○\!\!-\!\!● \quad z^{m}\left[F_z(z) - \sum_{r=0}^{m-1} f_r\, z^{-r}\right]$$

Dämpfungsregel

$$f(t)\, e^{\alpha t} \quad ○\!\!-\!\!● \quad F_z(e^{-\alpha k T} z)$$

$e^{\alpha t}$ Dämpfungsfaktor

Differenzbildungs- und Summations-regel

Differenzbildungsregel
Anwendung der"Verschiebungsregel nach rechts"

$$f(t) - f(t - T) \quad ○\!\!-\!\!● \quad \frac{z-1}{z} F_z(z) - f_{-1}$$

$$f_k - f_{k-1} \quad ○\!\!-\!\!● \quad \frac{z-1}{z} F_z(z) - f_{-1}$$

Differenzbildungsregel
Anwendung von "Verschiebungsregel nach links"

$$f(t + T) - f(t) \quad ○\!\!-\!\!● \quad (z - 1) F_z(z) - f_0 z$$

$$f_{k+1} - f_k \quad ○\!\!-\!\!● \quad (z - 1) F_z(z) - f_0 z$$

Summationsregel
Voraussetzung $f(t) = 0$ für $t < 0$

$$\sum_{k=0}^{\infty} f(t - rT) \quad ○\!\!-\!\!● \quad \frac{z}{z-1} F_z(z)$$

Differentiation nach z

$$k f_k \quad ○\!\!-\!\!● \quad -z F_z'(z)$$

Wobei $F_z'(z)$ die formale Ableitung nach z bedeutet, d.h. die gliedweise Differentiation nach z.

$$t f(t) \quad ○\!\!-\!\!● \quad -Tz F_z'(z)$$

Faltungsregel

Für beliebige Zeitfunktionen f(t), g(t) gilt im allgemeinen folgende Beziehung.

$$z\{f(t) * g(t)\} \neq z\{f(t)\}\ z\{g(t)\}$$

Sonderfall:

Ist im Faltungsprodukt zweier Funktionen mindestens eine der beiden eine δ-Impulsfolge, so ist die z-Transformierte des Faltungsprodukts gleich dem Produkt der z-Transformierten der beiden Funktionen. Wegen der Bedeutsamkeit der Faltungsregel soll deren Beweis kurz skizziert werden.

Es sei $g^*(t)$ eine Impulsfolge und f(t) eine beliebige Zeitfunktion, dann gilt:

$$g^*(t) = \sum_{r=0}^{\infty} g_r\, \delta(t - rT)$$

Faltung von f(t) mit $g^*(t)$

$$f(t) * g^*(t) = f(t) * \sum_{r=0}^{\infty} g_r\, \delta(t - rT) =$$

$$= \sum_{r=0}^{\infty} g_r\, (f(t) * \delta(t - rT))$$

$$f(t) * g^*(t) = \sum_{r=0}^{\infty} g_r\, f(t - rT)$$

z-Transformation des Faltungsproduktes

$$Z\{f(t) * g^*(t)\} = Z\{\sum_{r=0}^{\infty} g_r \, f(t - rT)\}$$

$$= \sum_{k=0}^{\infty} \left(\sum_{r=0}^{\infty} g_r \, f(kT - rT) \right) z^{-k}$$

$$= \sum_{r=0}^{\infty} \sum_{k=0}^{\infty} g_r \, f(kT - rT) \, z^{-k}$$

$$= \sum_{r=0}^{\infty} \sum_{\mu=-r}^{\infty} g_r \, f(\mu T) \, z^{-(\mu + r)}$$

mit $\mu = k-r$

$$= \sum_{r=0}^{\infty} \sum_{\mu=0}^{\infty} g_r \, f(\mu T) \, z^{-(\mu + r)}$$

mit $f(\mu T) = 0$ für $\mu < 0$

$$= \left(\sum_{r=0}^{\infty} g_r \, z^{-r} \right) \left(\sum_{\mu=0}^{\infty} f_\mu \, z^{-\mu} \right)$$

$\downarrow$ $Z\{g^*(t)\}$ $\qquad$ $\downarrow$ $Z\{f(t)\}$

$$Z\{f(t) * g^*(t)\} = Z\{g(t)\} \, Z\{f(t)\}$$

Grenzwertsätze

Anfangswertsatz der z-Transformation

$$\lim_{z \to \infty} F_z(z) = f_0$$

Endwertsatz der z-Transformation

Ist $\lim_{k \to \infty} f_k$ endlich, so gilt:

$$\lim_{k \to \infty} f_k = \lim_{z \to 1} (z - 1) \, F_z(z)$$

Anhang A4
Übergang analoge–digitale Regler

Gleichung des analogen PID–Reglers

Der PID–Regler setzt sich aus einem proportionalen Anteil, einem integralen Anteil und einem differentialen Anteil zusammen.

$$u(t) = K_R \left[e(t) + \frac{1}{T_I} \int_0^t e(\tau)\, d\tau + T_D \frac{de(t)}{dt} \right] \text{ mit}$$

$u(t)$	Stellgröße
$e(t)$	Reglerdifferenz aus Führungsgröße und Istwert
K_R	Verstärkungsfaktor
T_I	Integrationskonstante
T_D	Differentiationskonstante

Die Regler P, PI, PD ergeben sich aus dem PID–Regler durch Weglassen der entsprechenden Anteile.

Übergang analog–digital

Beim Übergang vom Kontinuierlichen zum Diskreten wird die Integration durch eine Summe ersetzt. Die Integration im kontinuierlichen geht damit in eine Rechteckintegration über. Sie hat sich auch bei größerem Zeittakt in der Praxis als ausreichend erwiesen. Eine Trapezintegration, wie verschiedentlich vorgeschlagen, scheint nicht notwendig zu sein.

$$\int_0^t e(\tau)\, d\tau \longrightarrow \sum_{v=0}^{k-1} e(v)\, T$$

mit $e(v) = e(vT)$ und $t = (m - 1)\, T$

Die Differentiation wird durch einen Differenzenquotienten ersetzt.

$$\left.\frac{d}{d\tau}\right|_{\tau = t} e(\tau) \longrightarrow \frac{e(k) - e(k-1)}{T}$$

Digitaler rekursiver PID-Algorithmus

Nach einer Zusammenfassung der einzelnen Terme ergibt sich der rekursive Geschwindigkeits-Algorithmus des PID-Reglers. Die Größe u(k) setzt sich aus u(k-1) und den letzten drei Ablagen e(k), mit den Gewichten g_0, g_1, g_2 zusammen. In praktischen Realisierungen wird der D-Anteil mit einer Verzögerung beaufschlagt.

Zur Berücksichtigung der Verzögerung im D-Anteil werden die Dämpfungs- und die Differenzbildungsregel (siehe Anhang 3) angewandt.

$$\frac{T_D}{T}\left(e(k) - e(k-1)\right) e^{-\alpha k T}$$

$$u(k) = u(k-1) + g_0 e(k) + g_1 e(k-1) + g_2 e(k-2)$$

$$u(k) = u(k-1) + \Delta\, u(k, k-1, k-2)$$

mit

$$g_0 = K_R\left(1 + \frac{T_D}{T}\right)$$

$$g_1 = -K_R\left(1 + \frac{2T_D}{T} - \frac{T}{T_I}\right)$$

$$g_2 = K_R \frac{T_D}{T}$$

Übertragungsfunktion des PID Reglers im z-Bereich

Die Übertragungsfunktion G(z) ist nach Kapitel 4 gleich dem Quotienten aus U(z) und e(z).

$$G_R(z) = \frac{U(z)}{e(z)} = \frac{g_0 + g_1 z^{-1} + g_2 z^{-2}}{1 - z^{-1}}$$

Der PID-Regler besitzt in der z-Ebene bei z = 1 eine Polstelle. Sie wird durch den I-Anteil hervorgerufen.

Einstellregeln für die Regelparameter K_R, T/T_I, T_D/T.
Regelalgorithmus PID–Regler

	Nach Übergangsfunktion			Nach Schwingungsversuch		
	K_R	$\frac{T}{T_I}$	$\frac{T_D}{T}$	K_R	$\frac{T}{T_I}$	$\frac{T_D}{T}$
P	$\frac{T_G}{T_u + T}$	—	—	$\frac{K_{krit}}{2}$	—	—
PI	$\frac{0{,}9\,T_G}{T_u + T/2} - \frac{0{,}135\,T_G T}{(T_u + T/2)^2}$	$\frac{0{,}27\,T_G T}{K(T_u + T/2)^2}$	—	$[0{,}45\,K_{krit} \;\ldots\; 0{,}27\,K_{krit}]\frac{T}{T_P}$ verkleinerte Werte, falls $T \approx 4\,T_u$	$0{,}54\,\frac{K_{krit}}{K_R}\,\frac{T}{T_P}$	—
PID	$\frac{1{,}2\,T_G}{T_u + T} - \frac{0{,}3\,T_G T}{(T_u + T/2)^2}$ wobei $T_g/T_u > 3$	$\frac{0{,}6\,T_G T}{K_R(T_u + T/2)^2}$	$\frac{0{,}5\,T_G}{K_R\,T}$	$[0{,}6\,K_{krit} \;\ldots\; 0{,}6\,K_{krit}]\frac{T}{T_P}$ Gültigkeitsbereich: $T \leq 2\,T_u$ Nicht empfehlenswert für $T \approx 4\,T_u$	$1{,}2\,\frac{K_{krit}}{K_R}\,\frac{T}{T_P}$	$\frac{3}{40}\,\frac{K_{krit}}{K_R}\,\frac{T_P}{T}$

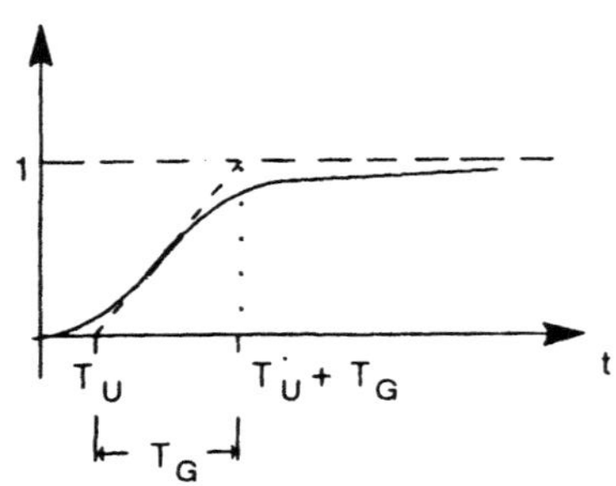

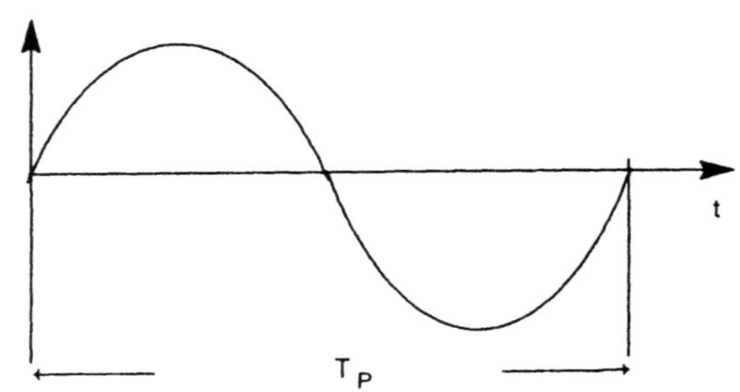

Regler	Übertragungsfunktion	Algorithmus
P – Regler	$G_R(z) = g_0$	$u(k) = K_R e(k)$
PD – Regler	$G_R(z) = g_0 - g_2 z^{-2}$	$u(k) = g_0 e(k) - g_2 e(k-2)$
I-Regler (nicht stabil!)	$G_R(z) = \dfrac{g_1 z^{-1}}{1 - z^{-1}}$	$u(k) = u(k-1) + g_1 e(k-1)$
PI – Regler	$G_R(z) = \dfrac{g_0 + g_1 z^{-1}}{1 - z^{-1}}$	$u(k) = u(k-1) + g_0 e(k) + g_1 e(k-1)$
PID – Regler	$G_R(z) = \dfrac{g_0 + g_1 z^{-1} + g_2 z^{-2}}{1 - z^{-1}}$	$u(k) = u(k-1) + g_0 e(k) + g_1 e(k-1) + g_2 e(k-2)$

Anhang A5
Übersicht digitale Regler

Lineare Regler Die linearen Regler werden in parameteroptimierte Regler und in strukturoptimierte Regler eingeteilt.

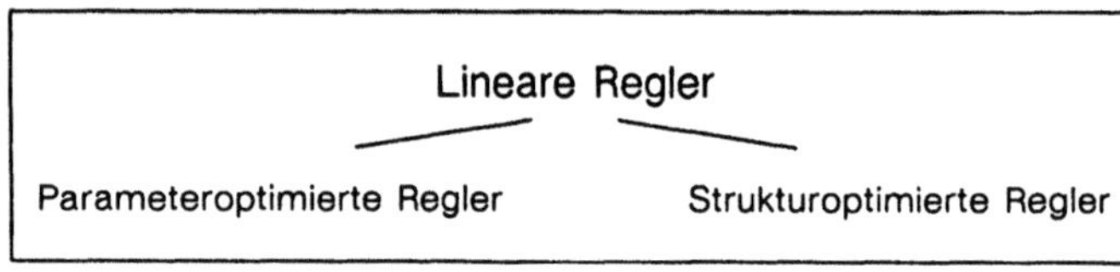

Bild A5.1 Lineare Regler

Parameteroptimierte Regler Die z-Übertragungsfunkton allgemeiner linearer parameteroptimierter Regler ist der Quotient zweier Polynome.

$$G_R(z) = \frac{A(z)}{B(z)} = \frac{a_0 + a_1\, z^{-1} + \ldots.\; a_n\, z^{-n}}{b_0 + b_1\, z^{-1} + \ldots.\; b_m\, z^{-m}}$$

Parameteroptimierte Regler

- P-Regler
- PI-Regler
- PD-Regler
- PID-Regler
- allgemeine parameteroptimierte Regler

Bild A5.2 Parameteroptimierte Regler

Die Transformation der parameteroptimierten Regler m, n $\leq$ 2 aus dem zeitkontinuierlichen in den zeitdiskreten Raum wird in Kapitel 5 behandelt.

Strukturoptimierte Regler

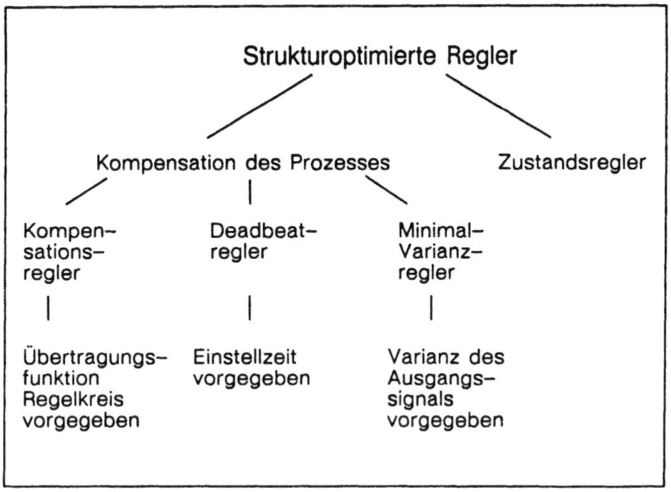

Bild A5.3 Strukturoptimierte Regler

Die strukturoptimierten Regler sind mit Ausnahme des Zustandsreglers bei stochastischen Störungen nicht einsetzbar.

Kompensationsregler

Die Kompensation der Strecke durch den Regler kann vollständig oder unvollständig sein.

Vollständige Kompensation

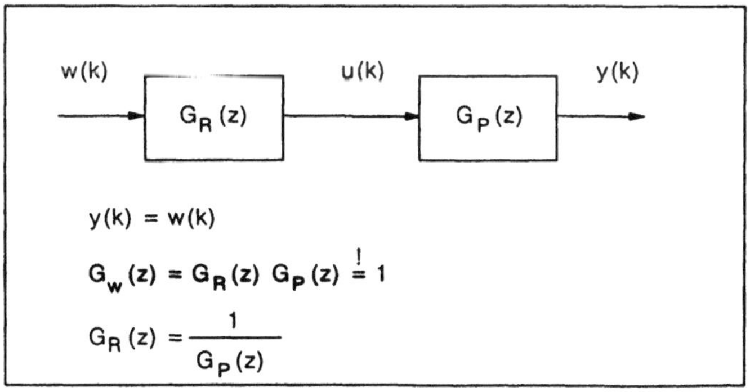

Bild A5.4 Vollständige Kompensation des Prozesses

Die Übertragungsfunktion G_R (z) ist die inverse Funktion des Prozesses G_P (z). Wird dies erreicht, so ist eine Rückkopplung nicht notwendig, da kein Ablage zwischen Eingangs- und Ausgangsgröße vorhanden ist. Es handelt sich somit um eine Steuerung der Strecke.

Unvollständige Kompensation

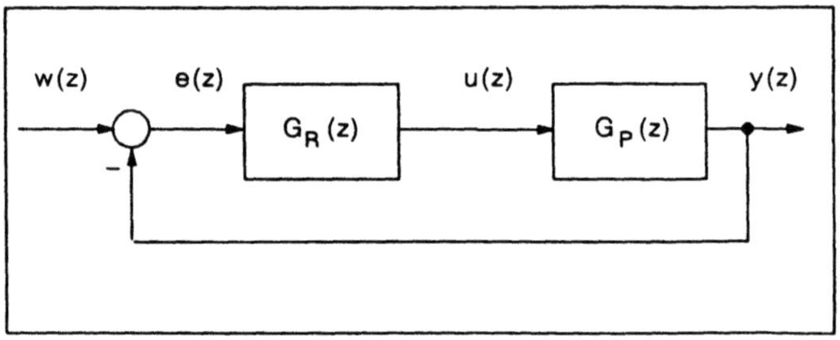

Bild A5.5 Unvollständige Kompensation des Prozesses

$G_w(z) =$ geforderte Führungsübertragungsfunktion

$$G_R(z) = \frac{1}{G_P(z)} \cdot \frac{G_w(z)}{1 - G_w(z)}$$

Der Kompensationsregler "lebt" von derAblage zwischen w(z) und y(z). Dies zeigt sich in der Gleichung für $G_R(z)$ im Nenner $1-G_w(z)$. Wird $G_w(z)$ gleich 1 gefordert, d. h. Ausgang y(z) gleich Eingang w(z), so kann wegen der Polstelle der Regler nicht bestimmt werden.

Deadbeatregler

Der Entwurf des Deadbeatreglers zielt auf ein Einschwingen des Reglers auf die Führungsgröße nach einer endlichen Zeit ab. In dem Entwurf wird als Führungsgröße ein fester Wert gewählt, d. h. der Reglerentwurf kann bei dem gewählten Entwurf nur für Festwertregelungen angewendet werden.

Grundprinzip

Beim Deadbeatregler wird sowohl für die Ausgangsgröße y(k) als auch für die Stellgröße u(k) nach einer bestimmten Anzahl von Zeittakten ein fester Wert gefordert. Als Eingangsgröße w(k) wird ein Einheitssprung vorgegeben. Die fest vorgegebene Taktzahl zum Erreichen des Sollwertes am Ausgang bedingt die Unterbringung eines Gesamtstellaufwandes in der vorgegebenen Taktzahl. Bei Wahl einer kleinen Anzahl von Zeittakten zum Erreichen der Sollgröße kann dies zu sehr großen Stellgrößen u(k) führen.

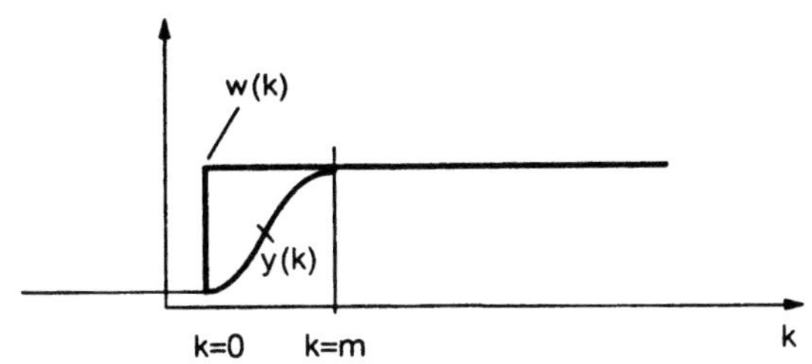

$y(k) = w(k) = 1 \qquad \text{für } k \geq m$

$u(k) = u(m) = \text{const.} \qquad \text{für } k \geq m$

$$w(z) = \frac{1}{1 - z^{-1}}$$

Bild A5.6 Forderungen an den Deadbeatregler

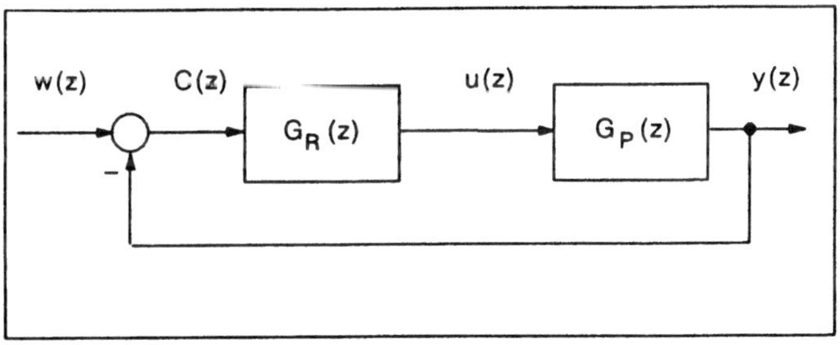

Bild A5.7 Regelkreis zur Ableitung des Deatbeatreglers

Die Übertragungsfunktion des Prozesses ist in einer allgemeinen Form durch den Quotienten zweier Polygnome in z gegeben.

$$G_P(z) = \frac{y(z)}{u(z)} = \frac{B(z)}{A(z)} = \frac{b_0 + b_1 z^{-1} + \ldots + b_n z^{-n}}{1 + a_1 z^{-1} + \ldots + a_n z^{-n}}$$

Algorithmus

Die Forderungen an den Regler werden durch y(z) und u(z) abgebildet.

$$y(z) = y(1)\, z^{-1} + \ldots + y(k \geq m)\, [\, z^{-m} + \ldots\,]$$

Forderung: $y(k \geq m) = 10 + 4$

$$u(z) = u(0) + u(1)\, z^{-1} + \dots + u(k \geq m)\,[\, z^{-m} + \dots]$$

Forderung: $u(k \geq m) = u(m)$

Werden diese Funktionen y(z) und u(z) durch die Sprungfunktion W(z) dividiert, so entstehen Polynome in z, bei denen Aussagen über die Koeffizienten gemacht werden können.

$$\frac{y(z)}{w(z)} = (1 - z^{-1}) \left[y(1)\, z^{-1} + \dots + y(k \geq m)\,[\, z^{-m} + \dots]\right]$$

$$= c_0 + c_1 z^{-1} + c_2 z^{-2} + \dots + c_m z^{-m} = C(z)$$

$$\frac{y(z)}{w(z)} = \dots = D(z) \quad \text{analog zu } C(z)$$

Betrachtet man die Koeffizienten c_1 bis c_m, so zeigt sich, daß durch die Forderung $y(k \geq m) = 1$ die Summe über c_i gleich 1 ist.

$$c_1 = y(1)$$

$$c_2 = y(2) - y(1)$$

$$c_m = y(m) - y(m-1)$$

$$\sum_i c_i = 1$$

Analog kann mit den Koeffizienten d_i verfahren werden.

$$G_R(z) = \frac{D(z)}{1 - C(z)} = \frac{c_0 + c_1 z^{-1} + \dots + c_m z^{-m}}{1 - d_0 + d_1 z^{-1} + \dots + d_m z^{-m}}$$

Zustandsregelung ohne Beobachter

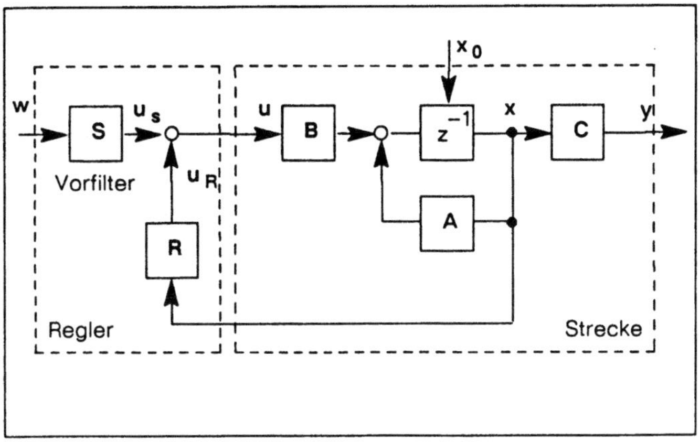

Bild A5.8 Struktur einer Zustandsregelung ohne Beobachter

Zustandsregelung mit Beobachter

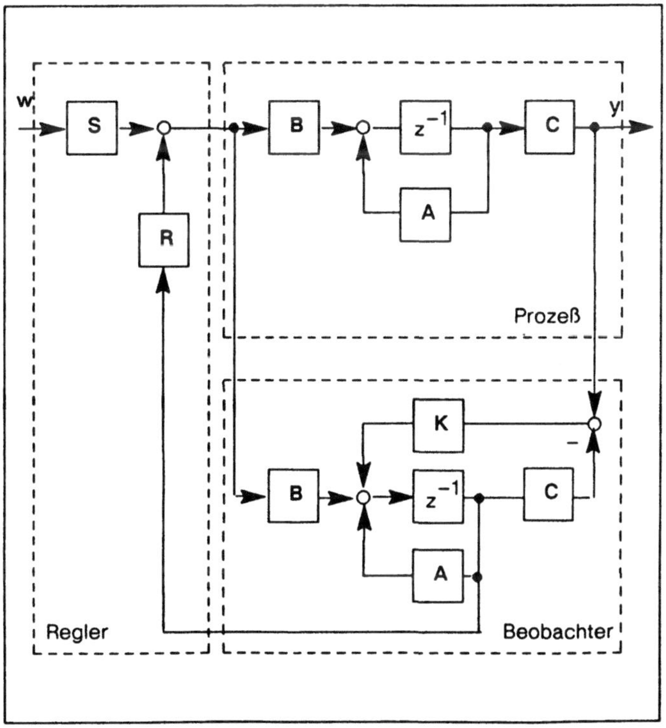

Bild A5.9 Struktur einer Zustandsregelung mit Beobachter

Anhang A6 Stabilitätskriterien

BIBO Stabilität

Die aus der amerikanischen Literatur bekannte Formulierung BIBO - Bounded Input-Bounded Output - besagt, daß ein System dann stabil ist, wenn ein beschränkter Eingangszustand einen beschränkten Ausgangszustand zur Folge hat (siehe Abschnitt 4.1).

Im zeitdiskreten besagt BIBO, daß das System bei einer beschränkten Eingangsfolge u(k) eine beschränkte Ausgangsfolge y(k) für alle k liefern wird.

$$|u(k)| \leq M_1 < \infty$$

$$|S\{u(k)\}| = |y(k)| \leq M_2 < \infty$$

für $k \in N_+$

Das damit beschriebene Übertragungsverhalten des Systems S ist nach 4.1 im zeitdiskreten durch die Gewichtsfunktion g(k) gegeben. BIBO abgebildet auf die Gewichtsfunktion besagt, daß die Ausgangsfolge y(k) bei einer beschränkten Eingangsfolge u(k) dann beschränkt ist, wenn die Summe der Gewichte g(k) beschränkt ist.

$$\sum_{k=0}^{\infty} |g(k)| < \infty$$

Diese Bedingung wird im z-Bereich eingehalten für $|z| \geq 1$, da jedes Glied der Summe

$$G(z) = \sum_{k=0}^{\infty} g(k)\, z^{-k}$$

für $|z| \geq 1$ kleiner oder gleich g(k) ist.

Grundlegendes Stabilitätskriterium

Das System ist somit dann stabil, wenn auf ($|z| = 1$) oder außerhalb ($|z| > 1$) des Einheitskreises der z-Ebene keine Polstellen von G(z) liegen, wobei G(z) eine rationale Funktion ist. Nach FÖLLINGER ist dies das grundlegende Stabilitätskriterium.

Anhang A7
Standardfilter und Fensterfunktionen

Tiefpaß

z-Übertragungsfunktion

$$G(z) = \frac{Y(z)}{U(z)} = \frac{b_0}{1 + a_1 z^{-1}}$$

Algorithmen

$$y(k) = b_0 u(k) - a_1 y(k-1)$$

$$b_0 = \frac{1}{T}$$

$$a_1 = -e^{-T_0 / T}$$

T - Zeitkonstante des Tiefpasses

T_0 - Zeittakt des digitalen Systems

Frequenzgang

$$G(\omega) = \frac{b_0 + b_1 e^{-j\omega T_0}}{1 + a_1 e^{-j\omega T_0}}$$

Hochpaß

z-Übertragungsfunktion

$$G(z) = \frac{b_0 + b_1 z^{-1}}{1 + a_1 z^{-1}}$$

$$a_1 = -e^{-T_0/T_1}$$

$$b_0 = -b_1$$

$$b_1 = K_D/T_1$$

T_0 = Zeittakt

T_1 = Zeitkonstante

K_D = Differentiationskonstante

Algorithmus

$$y(k) = b_0 u(k) + b_1 u(k-1) - a_1 y(k-1)$$

Frequenzgang

$$G(\omega) = \frac{b_0 + b_1 e^{-j\omega T_0}}{1 + a_1 e^{-j\omega T_0}}$$

Fensterfunktionen

Übertragungs-funktion

Die allgemeine z-Übertragungsfunktion einer nichtrekursiven Funktion ist die Summe über die Gewichtsfunktion multipliziert mit z^{-m}.

$$G(z) = \sum_{m=1}^{\infty} g(m)\, z^{-m}$$

Frequenzgang

$$G(j\omega) = \sum_{m=1}^{\infty} g(m) (e^{j\omega T_0})^{-m}$$

ω – Kreisfrequenz

T_0 – Zeittakt

m – Zählindex

Faltung von Fensterfunktionen

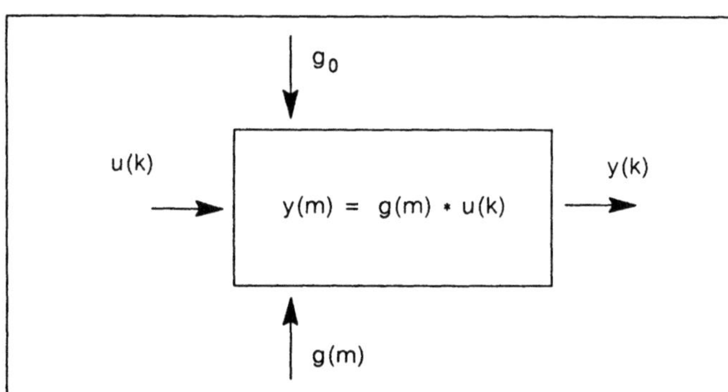

Bild A7.1 Faltung der Fensterfunktion

$$y(k) = g(m) * u(k)$$

$$= \sum_{m=i}^{m_{max}} g(m)\, u(k-m)$$

Graphische Darstellung der Faltung

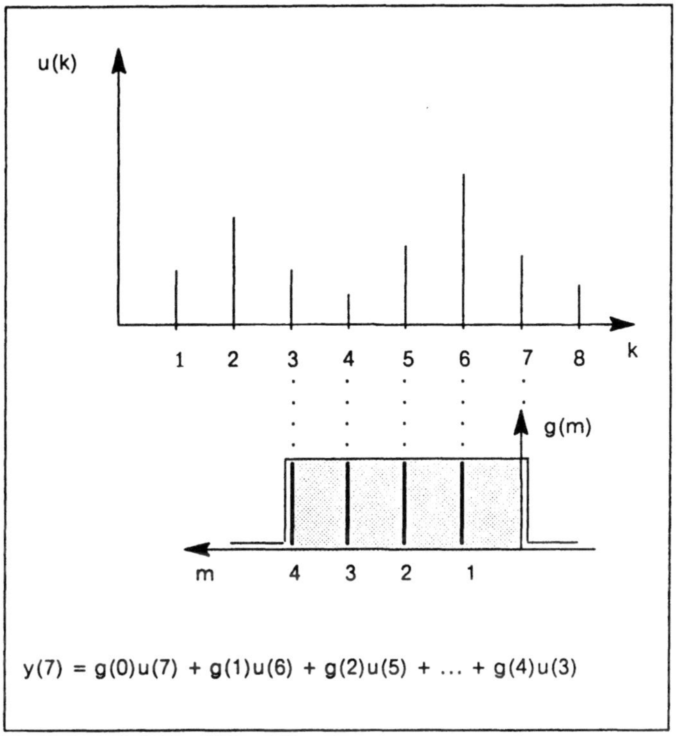

Bild A7.2 Faltung der Fensterfunktion g(m) mit u(k)

Anhang A8
Überblick Kalmanfilter

Prinzipien der Kalmanfilterung

Das Kalmanfilter stützt sich im wesentlichen auf drei Prinzipien ab.

Prinzip 1:

Analog dem Beobachter wird im Kalmanfilter das System, dessen Zustände geschätzt werden sollen, durch ein Modell nachgebildet.

Prinzip 2:

Für die Schätzung der Zustandsgrößen werden in jedem Zeittakt neben den Systemzuständen die Kovarianzen der Zustände mitgerechnet.

Prinzip 3:

Die Verstärkungsmatrix oder Gewichtsmatrix oder Kalmanmatrix K(k) wird, abgestützt auf die Kovarianzen in jedem Zeittakt so bestimmt, daß der geschätzte Systemzustand minimale Varianz besitzt. Die hinsichtlich der geschätzten Systemzustände optimale Einstellung der Verstärkungsmatix K(k) führt zu der Bezeichnung Optimalfilter nach Kalman.

Herleitung

Der Kalman Schätzalgorithmus kann mittels mehrerer Methoden abgeleitet werden:

- Orthogonalitätsprinzip von Schätzfehler und Meßwert
- Rekursive Methode der kleinsten Quadrate
- Minimalschätzung - kleinste Varianz
- Bayes Methode

Schätzalgorithmus

Der Schätzalgorithmus nach Kalman läuft in fünf Arbeitsschritten ab.

Prädiktion

Prädiktion des alten geschätzten Ausgangszustandes

$\hat{\mathbf{x}}(k)$

$$\bar{\mathbf{x}}(k+1) = \mathbf{A}(k)\,\hat{\mathbf{x}}(k)$$

Varianz von $\bar{x}(k+1)$

Die Kovarianzmatrix von $\bar{x}(k+1)$ wird mit Q(k) bezeichnet.

$$Q(k) = A(k)\,P(k)\,A'(k) + F(k)\,V(k)\,F'(k)$$

Verstärkungsmatrix K(k)

Die Verstäkkungsmatrix K(k) wird gestützt auf die Kovarianz Q(k) von $\bar{x}(k+1)$, den vom eigenen Modell vorhergesagten Wert und die Varianz der Meßstörung.

$$K(k) = Q(k)\,C'(k)\,[\,C(k)\,Q(k)\,C'(k) + W(k)\,]^{-1}$$

Schätzung

Der Systemzustand $\hat{x}$ wird zum Zeittakt k+1 geschätzt. Der geschätzte Zustand setzt sich aus dem vorhergesagten Zustand $\bar{x}$ und der mit K(k) gewichteten Ablage zwischen Meßwert y(k) und dem vorhergesagten Zustand $\bar{x}$ zusammen. Die gewichtete Ablage wird auch Innovation genannt.

$$\hat{x}(k) = \bar{x}(k) + K(k)\,[\,y(k) - c(k)\,\bar{x}(k)\,]^{-1}$$

Varianz von $\hat{x}(k)$

Der Kalmanfilter berechnet im rekursiven Algorithmus die Varianz, die Güte des geschätzten Systemzustandes. Die Varianz des geschätzten Systemzustandes $\hat{x}(k)$ ist gleich P(k). P(k) wurde auch beim Beobachter zur **Ableitung des Algorithmus** verwendet.

$$P(k) = Q(k) - K(k)\,C(k)\,Q(k)$$

Rekursion

In jedem Zeittakt wird der Zählindex k um 1 erhöht, der Meßwert eingelesen und der Algogithmus mit den oben aufgeführten fünf Arbeitsschritten durchgeführt.

Die in den fünf Gleichungen auftretenden Größen werden nachfolgend erklärt.

A - Systemmatrix

$\bar{x}$ - vorhergesagter Systemzustand

$\hat{x}$ - geschätzter Systemzustand

Q - Varianz des vorhergesagten Systemzustandes

F - Eingangsmatrix der Systemstörung **V**(k)

v - Systemrauschen

C - Meßmatrix

w - Meßrauschen

K - Verstärkungsmatrix

y - Meßwert

P - Varianz des geschätzten Ausgangszustandes

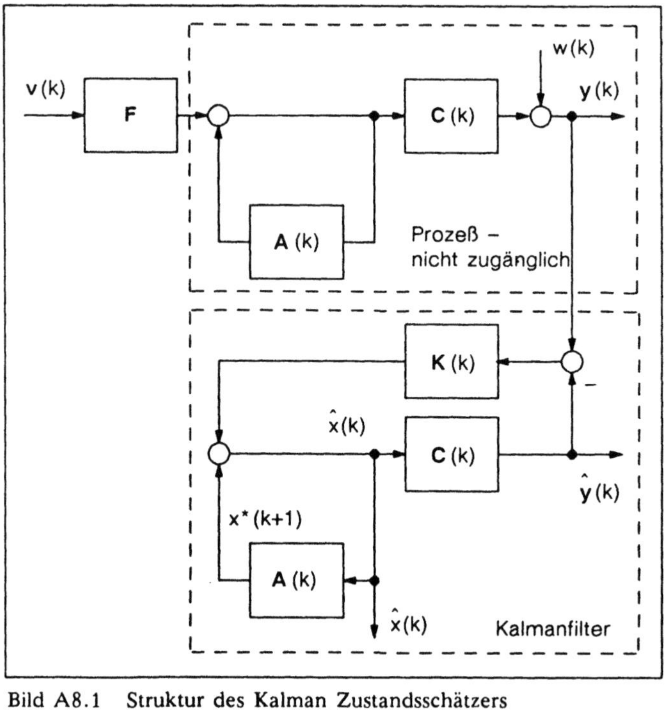

Bild A8.1 Struktur des Kalman Zustandsschätzers

Sachwortregister

GPSR Compliance

The European Union's (EU) General Product Safety Regulation (GPSR) is a set of rules that requires consumer products to be safe and our obligations to ensure this.

If you have any concerns about our products, you can contact us on ProductSafety@springernature.com

In case Publisher is established outside the EU, the EU authorized representative is:

Springer Nature Customer Service Center GmbH
Europaplatz 3
69115 Heidelberg, Germany

Batch number: 10584556

Printed by Printforce, the Netherlands